建设项目全过程造价控制

刘　耀　解军胜　何艳平　主　编

中国建设科技出版社有限责任公司
China Construction Science and Technology Press Co., Ltd.
北　京

图书在版编目（CIP）数据

建设项目全过程造价控制 / 刘耀, 解军胜, 何艳平

主编 . — 北京：中国建设科技出版社有限责任公司，
2024.12. — ISBN 978-7-5160-4351-6

Ⅰ. TU723.31

中国国家版本馆 CIP 数据核字第 2024U9Y387 号

建设项目全过程造价控制

JIANSHE XIANGMU QUANGUOCHENG ZAOJIA KONGZHI

刘　耀　解军胜　何艳平　主　编

出版发行：中国建设科技出版社有限责任公司

地　　址：北京市西城区白纸坊东街 2 号院 6 号楼

邮　　编：100054

经　　销：全国各地新华书店

印　　刷：北京雁林吉兆印刷有限公司

开　　本：787mm×1092mm　　1/16

印　　张：11.5

字　　数：280 千字

版　　次：2024 年 12 月第 1 版

印　　次：2024 年 12 月第 1 次

定　　价：**78.00 元**

编　委　会

前　　言

随着中国社会经济的发展，建设项目逐渐增多，建设项目全过程造价控制已成为一种趋势，建设工程造价的管理与控制贯穿整个建设工程。建设项目一般具有周期长、不可逆、资金投入大、设计内容丰富等特点。借助全过程的造价控制，可以对项目投资进行控制，保证项目投资符合成本限额的核定值，保证人力、物力、财力的合理分配和使用，从而使建设项目的经济效益和社会效益最大化。

本书以建设项目为研究对象，围绕建设项目的全过程造价控制进行探讨。首先介绍建设项目造价控制、定额和造价构成等基础理论，然后从决策、设计、招标投标、施工、竣工的全过程介绍建设项目的造价控制内容和方法，最后探讨建设项目造价控制管理过程中出现的新理念、新技术、新问题、新趋势。全书共分十章，包括绪论、建设工程定额、工程造价的构成、建设项目投资决策阶段造价控制、建设项目设计阶段造价控制、建设项目招标投标阶段造价控制、建设项目施工阶段造价控制、建设项目竣工阶段造价控制及项目后评价、建设项目造价控制新技术理念的应用、建设工程造价鉴定与纠纷解决。本书可供建设项目领域的相关财务管理人员及相关从业者、学生等参考。

本书编写分工如下：第一主编刘耀负责第 6 章、第 7 章的 7.1～7.3 节、第 9 章、第 10 章的编写，并负责全书的统稿及修正工作；第二主编解军胜负责第 2 章的 2.3 节、第 3 章、第 4 章的 4.3 节的编写；第三主编何艳平负责第 1 章、第 4 章的 4.2 节、第 5 章的 5.2 节、第 7 章的 7.4 节以及前言的编写；第一副主编庄正伟负责第 2 章的 2.1 节、第 8 章的编写；第二副主编浦丽负责第 5 章的 5.1 节、5.3 节的编写；第三副主编江建负责第 2 章的 2.2 节、第 4 章的 4.1 节的编写，以及参考文献的整理工作。同时感谢各编委为编写工作提供数据、资料等方面的收集支持。

本书参考了国内同行的相关教材与著作，在此特向他们表达真挚谢意。由于编者水平有限，书中难免有不足之处，敬请读者指正并提出宝贵意见。

编　者
2024 年 7 月

目 录

1 绪 论

1.1 工程造价

1.1.1 工程造价的含义

工程造价通常是指按照确定的建设内容、建设规模、建设标准、功能要求和使用要求等将项目全部建成，在建设期预计或实际支出的费用。

工程造价的第一种含义指的是为了完成一个建设项目计划支出或实际支出的全部投资金额，通常分为设备及工器具的购置费用、建筑安装工程费用、工程建设其他费用、预备费以及建设期贷款利息等。

工程造价的第二种含义指的是建设项目的价格，具体来说是为了完成一个建设项目，通过招标投标的方式计划或实际产生的建筑安装工程费用。

以上两种工程造价的含义既有相同之处，又有不同之处。其不同之处体现在如下三点。

其一，两种含义所要求的合理性是不同的。工程投资是否合理并不受投资金额高低的影响，而是与项目决策是否正确、建设标准是否适用及设计方案是否最优等因素有关；工程的价格是否合理主要取决于是否反映了价值、是否遵循了价格形成机制、是否满足了合理的利税率。

其二，两种含义具有不同的机制。工程投资金额是由决策、设计、设备和材料的选购、工程施工以及设备安装等产生的总费用；建设项目价格是在价值的基础上，在价值规律、供求规律等的指导下形成的。

其三，两者之间存在的弊端不同。工程投资弊端主要是投资者决策出现问题、建造出现重样、建造的方案脱离实际等；工程价格存在的弊端主要是实际价格偏离预算价格。

1.1.2 工程造价的特点与造价计价

1. 工程造价的特点

（1）大额性。这是指建设工程不仅体积庞大，而且建设价格少则数十万元、几百万元，多则上千万元、上亿元，具有金额巨大的特点。

（2）单个性。任何一项建设工程，其功能、用途各不相同，因此每一项工程的结构、造型、设备配置都有不同的要求，这决定了造价必然具有单个性的特点。直接表现为工程造价上的差异性，即工程内容和实物形态都具有个别性。同时，每项工程的位置、开工时间、参建组织、地下情况等可能不相同，这使得工程造价的单个性更加突出，即不存在造价完全相同的两个工程项目。

（3）动态性。任何一项建设工程，从项目建议一直到竣工交付使用，其建设周期是很长的。在该周期内，会受到来自自然和社会等方面众多不可控因素的影响，例如工程变更和材料价格、费率、利率等的波动，都会造成建设项目造价发生改变。因此，建设项目造价在建设期内处于不稳定的状态，只有等到竣工结束后才能确定实际造价。

（4）层次性。工程建设项目具有一定的建设层次。建设项目由独立产生经济效益的单项工程组成，例如办公楼、住宅楼等；而单项工程包括独立施工、发挥不同功用的单位工程，例如土建工程、电气安装工程等。由此产生了不同层次的工程造价，具体包括建设项目总造价、单项工程造价和单位工程造价等。

（5）兼容性。工程造价的兼容性表现在其具有多种含义：既可以指建设项目的固定资产投资，也可以指建筑安装工程造价；既可以指招标的标底、招标控制价，也可以指投标报价。

2. 工程造价计价

（1）含义。工程造价计价是指项目所需费用的计算，简称"工程计价"，也称"工程估价"。具体是指工程造价人员在项目实施的各个阶段，根据各个阶段的不同要求，遵循计价原则和程序，采用科学的计价方法，对投资项目最可能实现的合理价格作出科学的计算，从而确定投资项目的工程造价，编制工程造价的经济文件。

（2）特征

①计价的单件性。产品的单件性决定了每项工程都必须单独计算造价。

任何一个建设项目都具有特定的用途，需要根据特定的使用目的进行建设，从而呈现出多样化的特点。同时建设项目位置固定，不能移动，施工过程一般是露天作业，受功能要求、自然环境、水文地质和施工时间等因素的影响极大。工程建设的这些技术经济特点决定了任何建设项目的建造费用都是不一样的。因此，任何建设项目都要通过一个特定的程序（编制估算、概算、预算、合同价、结算价及最后确定竣工决算价等），就各个工程项目计算工程造价，即单件性计价。

②计价的多次性。建设项目需要按照项目的建设程序来决策以及实施，它的实施过程时间较长，并且规模庞大、建造的价格也高，为了保证工程造价计价的准确性和有效性，应分阶段、分层次进行。多次计价过程是在不同阶段分别进行深化、细化从而得到实际造价的。

a. 投资估算在项目建议书和可行性研究报告阶段进行，指的是在该阶段通过编制估算文件预先估计工程造价。投资估算的确定有助于合理分配资金，从而控制工程支出。

b. 工程概算在初步设计阶段进行，指的是利用阶段文件测算和确定工程造价，进行初步概算，经批准后确定投资项目的最高金额。相较于投资估算，投资概算的准确性明显提高，但其又受投资估算的控制。

c. 修正概算在技术设计阶段进行，指的是在设计图纸的基础上对初步设计进行编制所测算的工程造价，也被称为"修正设计概算"。修正概算是对初步设计阶段工程概算的修正与调整，比工程概算准确，但受工程概算控制。

d. 施工图预算在施工图设计阶段进行，指的是在施工图纸、预算定额和各类收费标准的基础上利用预先编制的文件所测算的工程造价。此阶段得到的造价比上述概算得到的造价更加准确。

e. 合同价的确定在交易阶段进行，指的是工程的发承包双方通过协商，在总承包合同、建筑安装工程承包合同、设备材料采购合同，以及技术和咨询服务合同中确定的价格。

f. 中间结算在施工阶段进行，指在工程施工过程和竣工验收阶段，对比合同的规定价格范围和方法进行预算，然后对实际工程建造中工程量增减、建设材料和设备的价差等进行最终计算，确定最后结果，反映的是工程项目最终造价。

g. 竣工决算在竣工验收阶段进行，是指工程建设项目建成以后双方对该工程发生的应付金额进行最后结算。竣工决算文件一般由建设单位编制，上报相关主管部门审查。

③计价依据的复杂性。工程的多次计价有各不相同的计价依据，有投资估算指标、概算定额、预算定额等。

④计价方法的多样性。进行工程造价计价可采用不同方法，例如，采用单价法和实物法计算概算、预算造价，采用设备系数法、生产能力指数估算法计算投资估算。当然，不同的计价方法具有不同的精确度。

⑤计价的组合性。由于项目工程规模大，结构复杂多样，根据单项工程计价特点直接计算出整个工程造价不现实。所以，工程必须分解成一个一个最小的单个结构工程，以便能更好地计量计价。

1.2 工程造价控制

1.2.1 工程造价控制的含义和原则

1. 工程造价控制的含义

工程造价控制，是在设计方案以及优化方案的基础上，在每个单项工程建设过程中，在批准的工程造价范围内，对可行性研究、投资决定，直到施工、竣工交付使用前所需要的全部金额费用的控制、监管、确定，采用一定的方法随时纠正偏差，保证投资项目的实现以及合理利用人力、物力、财力，以便取得更好的效益。

2. 工程造价控制的原则

（1）以设计和施工阶段为重点的全过程造价控制。建设工程项目包括决策阶段、设计阶段、招标投标阶段、施工阶段、竣工阶段等，故进行工程造价控制也应贯穿建设过程的不同阶段。其中，应着重对设计和施工阶段进行工程造价控制，这样更能积极、主动地实现对工程项目的造价控制。

（2）主动控制与被动控制相结合。为了使目标造价与实际造价两者的差距尽量处于合理的范围内，应事先采取控制措施，进行主动控制。具体来说，借助被动控制工程造价，能够影响项目决策，影响设计及施工，通过主动控制能够更好地控制工程造价。

（3）技术与经济相结合。对工程造价进行合理控制的过程中，通常利用组织、技术、合同、经济等方式，尤其需要采用技术与经济相结合的方式。

1.2.2 工程造价控制的重点和关键环节

1. 各阶段的控制重点

（1）投资决策阶段。应充分了解建设项目的专业用途和使用要求，在此基础上对该项目进行定义，首先对项目投资进行定义，然后根据项目的具体要求逐步深入分析，使投资估算处于合理范围。

（2）设计阶段。将已确定好的工程概算作为控制目标，利用设计标准、限额设计和价值工程等，对施工图设计进行合理控制和修改，以便更好地控制施工过程中的工程造价。

（3）招标投标阶段。在充分了解项目设计文件的基础上，根据不同的施工情况（包括施工条件、材料价格、业主额外要求等）以及招标文件，编制招标工程的标底价，经协商约定合同计价方式，进而得到工程的初步合同价。

（4）工程施工阶段。将前面阶段确定的施工图预算、标底价、合同价等作为控制目标，利用工程计量方法，将工程变更、物价波动等情况造成的造价变化考虑在内，准确计算项目施工阶段承包人的实际支出费用。

（5）竣工验收阶段。对整个建设过程中产生的费用进行整合，从而得到竣工决算。在此过程中，应尽可能地反映该项目的工程造价，汇集相关的技术数据和资料，为以后更好地控制工程造价提供参考。

2. 关键控制环节

（1）决策阶段做好投资估算。在规划阶段展开对工程建设项目的投资决策，对工程投资额度作出估算，从而使业主对建设过程中的相关技术方案进行合理决策，从项目建设的起始阶段就对造价控制给予指导。

（2）设计阶段强调限额设计。设计是工程建设项目造价的具体化。限额设计是避免浪费的重要举措，是处理技术与经济关系的关键性环节。

（3）招标投标阶段重视施工招标。业主利用招标的方式来选择更为合适的承包人，这样有助于保障工程质量、缩短工程周期，也有助于控制工程造价。其主要流程为：在掌握工程建设项目实际情况的基础上，合理选择招标方式，依据相应的法律规定编制内容齐全的招标文件，经双方协商，最终签订施工合同。

（4）施工阶段加强合同管理与事前控制。在施工中通过跟踪管理，对合作双方是否按合同执行进行审查，发现并解决问题，有效地控制工程质量、进度和造价。控制工程事故变更，防止索赔事件的发生。施工过程中做好工程计量与结算工作，做好与工程建设项目造价相统一的质量、进度等各方面的事前、事中、事后控制等工作。

2 建设工程定额

定额是指在一定的外部条件下，预先规定完成某项合格产品所需的要素（人力、物力、财力、时间等）的标准额度。

定额水平是指规定消耗在单位合格产品上的劳动、机械和材料数量的多少，即在一定程序规定的施工生产中活劳动和物化劳动的消耗水平。它是一定时期社会生产力水平的反映。

工程定额是指在一定的技术组织条件、正常施工条件下，以及合理的劳动组织、合理地使用材料和机械的条件下，完成建设工程单位合格产品所必须消耗的各种资源的数量标准。

2.1 施工定额

施工定额是国家建设行政主管部门编制的建筑安装工人或劳动小组在合理的劳动组织与正常的施工条件下，完成一定计量单位值的合格建筑安装工程产品所必需的人工、材料和施工机械台班消耗量的标准。

施工定额是施工企业考核劳动生产率水平、管理水平的重要标尺和施工企业编制施工组织设计、组织施工、管理与控制施工成本等项工作的重要依据。施工定额现仍由国家建设行政主管部门统一编制，包括人工定额、材料消耗定额和机械台班使用定额三个分册。

2.1.1 人工定额

1. 工时消耗研究

工作时间是指工作班的延续时间。研究施工中的工作时间最主要的目的是确定施工的时间定额或产量定额，其前提是按照时间消耗的性质对工作时间进行分类，以便研究工时消耗的数量及其特点。

（1）工人工作时间分析。从定额编制的角度，工人工作时间按消耗的性质，可以分为必须消耗时间和损失时间。

①必须消耗时间。必须消耗时间是指劳动者在正常施工条件下，完成单位合格产品所必须消耗的工作时间。它是制定定额的主要依据，包括有效工作时间、休息时间和不可避免的中断时间。

a. 有效工作时间。它是指与产品生产直接有关的工作时间消耗，包括基本工作时间、辅助工作时间、准备和结束工作时间。基本工作时间是直接完成产品的施工工艺过程所消耗的时间。这些工艺过程可以使产品材料直接发生变化，如混凝土制品的养护干燥等。辅助工作时间是为保证基本工作能顺利完成所消耗的时间，它与技术操作没有直接关系。准备和结束工作时间是执行任务前或完成任务后所消耗的工作时间，如工作地点、劳动工具的准备工作时间，工作结束后的整理时间等。

b. 休息时间。它是工人在工作过程中为恢复体力所必需的短暂休息和生理需要的时间消耗。休息时间的长短和工作性质、劳动强度、劳动条件有关。

c. 不可避免的中断时间。它是由于施工工艺特点引起的工作中不可避免的中断时间，应尽量减少此项时间的消耗。

②损失时间。损失时间是与产品生产无关，与施工组织和技术上的缺陷有关，与工人在施工过程的个人过失或某些偶然因素有关的时间消耗，包括多余和偶然工作的工作时间、停工时间、违反劳动纪律损失的时间。

a. 多余和偶然工作的工作时间。它是不能增加产品数量的工作时间。其工时损失一般是由于工程技术人员和工人的差错引起的，因此，不应计入定额时间中。但偶然工作能够获得一定产品，拟定定额时要适当考虑其影响。

b. 停工时间。它是工作班内停止工作造成的工时损失。停工时间按性质可分为施工本身造成的停工时间和非施工本身造成的停工时间两种。前者是由于施工组织不善、材料供应不及时、工作面准备工作做得不好等情况引起的停工时间；后者是由于水源、电源中断引起的停工时间。在拟定定额时不能计算前一种情况，但应合理考虑后一种情况。

c. 违反劳动纪律损失的时间。它是指工人不遵守劳动纪律造成的工时损失以及个别工人违反劳动纪律而影响其他工人无法工作的时间损失。此项工时损失在定额中是不能考虑的。

（2）机械工作时间分析。机械工作时间消耗也分为必须消耗时间和损失时间两大类。

①必须消耗时间。必须消耗的时间包括有效工作时间、不可避免的无负荷工作时间和不可避免的中断时间。

a. 有效工作时间。它包括正常负荷下的工作时间和有根据地降低负荷下的工作时间。前者是与机器说明书规定的计算负荷相符的情况下机器进行工作的时间，后者是在个别情况下由于技术上的原因，机器在低于其计算负荷下的工作时间。

b. 不可避免的无负荷工作时间。它是由施工过程的特点和机械结构的特点造成的机械无负荷工作时间。

c. 不可避免的中断时间。它又可以进一步分为三种：第一种是与工艺过程特点有关的中断时间，有循环的和定期的两种。循环的不可避免中断是在机械工作的每一个循环中重复一次，如汽车装货和卸货时的停车；定期的不可避免中断是经过一定时期重复一次，如把机械由一个工作地点转移到另一个工作地点时的工作中断。第二种是与机械有关的中断时间，是由于工人进行准备与结束工作或辅助工作时，机械停止工作而引起的中断时间，是与机械的使用与保养有关的不可避免的中断时间。第三种是工人休息时间，是工人必需的休息时间，应尽量利用不可避免的中断时间作为休息时间，以充分利用工作时间。

②损失时间。损失时间包括多余工作时间、停工时间、违反劳动纪律损失的时间和低负荷下的工作时间。

a. 多余工作时间是指机械进行任务内和工艺过程内未包括的工作而延续的时间。

b. 停工时间按性质可分为施工本身造成的停工时间和非施工本身造成的停工时间。前者是由于施工组织不当而引起的停工现象，如未及时供给机械燃料而引起的停工；后者是由于气候条件所引起的停工现象，如遇暴雨使压路机停工。

c. 违反劳动纪律损失的时间是指由于工人迟到、早退或擅离岗位等原因引起的机械停工时间。

d. 低负荷下的工作时间是指由于工人或技术人员的过失所造成的施工机械在降低负荷的情况下工作的时间。此项工作时间不能作为计算时间定额的基础。

2. 人工定额的表现形式

人工定额有时间定额和产量定额两种表现形式。

（1）时间定额。时间定额是某种专业、某种技术等级工人班组或个人，在合理的劳动组织与合理使用材料的条件下，完成单位合格产品所必需的工作时间，包括准备与结束时间、基本生产时间、辅助生产时间、不可避免的中断时间及工人必需的休息时间等。

（2）产量定额。产量定额是某种专业、技术等级的工人班组或个人在单位工作日中所应完成合格产品的数量。计量单位有米、平方米、立方米、吨、块、根、件、扇等。

按标定对象的不同，人工定额又分为单项工序定额和综合定额两种。综合定额是完成同一产品中的各单项（工序或工种）定额的综合。按工序综合的用"综合"表示；按工种综合的一般用"合计"表示。

时间定额和产量定额都表示同一人工定额项目。时间定额以"工日"为单位，综合计算方便，时间概念明确。产量定额则以"产品数量"为单位，具体、形象，劳动者的奋斗目标一目了然，便于分配任务。人工定额采用复式表示，横线上为时间定额，横线下为产量定额，便于选择使用。

3. 人工定额的编制

编制人工定额主要包括拟定正常的施工作业条件和拟定施工作业的定额时间两项工作。

（1）拟定正常的施工作业条件。此规定执行定额时应该具备的条件。若正常条件不能满足，则无法达到定额中的劳动消耗量标准。正确拟定正常施工作业条件有利于定额的顺利实施。拟定施工作业正常条件包括施工作业的内容、施工作业的方法、施工作业地点的组织、施工作业人员的组织等。

（2）拟定施工作业的定额时间。此即通过时间测定方法，得出基本工作时间、辅助工作时间、准备与结束时间、不可避免的中断时间及休息时间等的观测数据，拟定施工作业的定额时间。得到时间定额后，导出产量定额。计日时，测定的方法主要包括测时法、写时记录法、工作日写实法等。

2.1.2 材料消耗定额

1. 材料消耗定额的概念

材料消耗定额是在合理、节约使用材料的条件下，完成单位合格建筑安装工程产品所需消耗的一定规格的材料、成品、半成品和水、电等资源的数量标准。

材料消耗定额包括：直接用于建筑安装工程上的材料，不可避免产生的施工废料；不可避免的施工操作损耗。其中，直接用于建筑安装工程实体的材料被称为"材料消耗净用量定额"，不可避免产生的施工废料和施工操作损耗量被称为"材料损耗量定额"。

材料消耗净用量定额与材料损耗量定额之间具有式（2.1）～式（2.3）之间的关系。

$$材料消耗定额（材料总消耗量）=材料消耗净用量+材料损耗量 \tag{2.1}$$

$$材料损耗率=\frac{材料损耗量}{材料净用量}\times100\% \tag{2.2}$$

$$材料消耗定额=材料消耗净用量\times（1+损耗率） \tag{2.3}$$

2. 材料消耗定额的编制方法

（1）现场技术测定法。用该方法主要是为了取得编制材料损耗定额的资料。材料消耗中的净用量比较容易确定，但材料消耗中的损耗量不能随意确定，需通过现场技术测定来区分哪些属于难以避免的损耗，哪些属于可以避免的损耗，从而确定出较准确的材料损耗量。

（2）试验法。试验法是在实验室内采用专用的仪器设备，通过试验的方法来确定材料消耗定额的一种方法。用这种方法提供的数据，虽然精确度高，但容易脱离现场实际情况。

（3）统计法。统计法是通过对现场用料的大量统计资料进行分析计算的一种方法。用该方法可获得材料消耗的各项数据，用以编制材料消耗定额。

（4）理论计算法。理论计算法是运用计算公式计算材料消耗量，确定消耗定额的一种方法。这种方法较适合计算块状、板状、卷状等材料的消耗量。

①砖砌体材料用量计算。在标准砖砌体中，标准砖、砂浆用量计算见式（2.4）。

$$每立方米砖体标准砖净用量（块）=\frac{2\times墙厚的砖数}{墙厚\times（砖长+灰缝）\times（砖厚+灰缝）} \tag{2.4}$$

②各种块料面层的材料用量计算。详细计算见式（2.5）～式（2.8）。

$$每100m^2块料面层中块料净用量=\frac{100}{（块料长+灰缝）\times（块料宽+灰缝）} \tag{2.5}$$

$$每100m^2块料面层中灰缝砂浆净用量=（100-块料净用量块料长\times块料宽）\times块料厚 \tag{2.6}$$

$$每100m^2块料面层中结合层砂浆净用量=100\times结合层厚 \tag{2.7}$$

$$各种材料总耗量=净用量\times（1+损耗率） \tag{2.8}$$

③周转性材料消耗量计算。建筑安装施工中除了耗用直接构成工程实体的各种材料、成品、半成品，还需要耗用一些工具性的材料，如挡土板、脚手架及模板等。这类材料在施工中不是一次消耗完，而是随着使用次数逐渐消耗的，故被称为"周转性材料"。周转性材料在定额中按照多次使用、多次摊销的方法计算。定额表中规定的数量是使用一次摊销的实物量。

a. 考虑模板周转使用补充和回收的计算见式（2.9）～式（2.11）。

$$摊销量=周转使用量-回收量 \tag{2.9}$$

$$周转使用量=\frac{一次使用量+一次使用量\times（周转次数-1）\times损耗率}{周转次数} \tag{2.10}$$

$$回收量 = \frac{一次使用量 \times (1 - 损耗率) \times 回收折价率}{周转次数} \qquad (2.11)$$

b. 不考虑周转使用补充和回收量的计算见式（2.12）。

$$摊销量 = \frac{一次使用量}{周转次数} \qquad (2.12)$$

2.1.3　机械台班使用定额

机械台班使用定额是规定施工机械在正常的施工条件下，合理、均衡地组织劳动和使用机械时，完成一定计量单位值的合格建筑安装工程产品所必需的该机械的台班数量标准。机械台班定额反映了某种施工机械在单位时间内的生产效率。按表现形式不同，机械台班使用定额可分为时间定额和产量定额，两者互为倒数关系。

机械台班使用定额的编制首先要确定施工机械台班使用定额的主要工作内容，其次计算机械台班使用定额。

（1）确定施工机械台班使用定额的主要工作内容。

①拟定机械工作的正常施工条件，包括工作地点的合理组织，施工机械作业方法的拟定。

②确定配合机械作业的施工小组的组织及机械工作班制度等。

③确定机械净工作率，即确定机械纯工作 1h 的正常劳动生产率。

④确定机械利用系数，即机械在施工作业班内对作业时间的利用率。机械利用系数以工作台班净工作时间除以机械工作台班时间计算。

⑤计算机械台班使用定额。

⑥拟定工人小组定额时间，即配合施工机械作业的工人小组的工作时间总和。工人小组定额时间以施工机械时间定额乘以工人小组的人数计算。

（2）计算机械台班使用定额。预算定额中的机械台班消耗量是指在正常施工条件下，生产单位合格产品（分部分项工程或结构构件）必须消耗的某种型号施工机械的台班数量。预算定额中的机械台班消耗量指标，通常是在施工定额的基础上考虑机械幅度差后确定的，或根据现场测定资料为基础确定。

①根据施工定额确定机械台班消耗量。这种方法是指按施工定额或劳动定额机械台班产量加机械幅度差计算预算定额的机械台班消耗量。

机械台班幅度差一般包括正常施工组织条件下不可避免的机械空转时间；施工技术原因的中断及合理停滞时间；因供电供水故障及水电线路移动检修而发生的运转中断时间；因气候变化或机械本身故障影响工时利用的时间；施工机械转移及配套机械相互影响损失的时间；配合机械施工的工人因与其他工种交叉造成的间歇时间；因检查工程质量造成的机械停歇的时间；工程收尾和工作量不饱满造成的机械停歇时间等。

大型机械幅度差系数：土方机械 25%，打桩机械 33%，吊装机械 30%。砂浆、混凝土搅拌机由于按小组配用，以小组产量计算机械台班产量，这类机械的消耗量不另增加机械幅度差。分部工程中如钢筋加工、木作、水磨石等各项专用机械的幅度差为 10%。

由此可见，预算定额的机械台班消耗量按式（2.13）计算。

预算定额的机械台班消耗量 = 施工定额机械耗用台班 × （1 + 机械台班幅度差系数）　（2.13）

占比不大的零星小型机械按劳动定额小组成员计算出机械台班使用量，以"机械费"或其他机械费表示，不再列台班数量。

②以现场测定资料为基础确定机械台班消耗量。遇到施工定额（劳动定额）缺项者，则需要依据机械单位时间完成产量的测定资料，经过分析、处理后确定机械台班消耗量。

2.2 预算定额

预算定额是指规定消耗在合格质量的单位工程基本构造要素上的人工、材料和机械台班的数量标准，是计算建筑安装产品价格的基础。基本构造要素就是通常所说的分项工程和结构构件。预算定额按工程基本构造要素规定的劳动力、材料和机械的消耗数量，以满足编制施工图预算、规划和控制工程造价的要求。

2.2.1 预算定额的编制依据

（1）现行劳动定额和施工定额。预算定额是在现行劳动定额和施工定额的基础上编制的。预算定额中，人工、材料、机械台班消耗水平需要依据劳动定额或施工定额取定；预算定额的计量单位的选择也要以施工定额为参考，从而保证两者的协调和可比性，减少预算定额的编制工作量，缩短编制时间。

（2）现行设计规范、施工及验收规范、质量评定标准和安全操作规程。预算定额在确定人工、材料、机械台班消耗数量时，必须考虑上述各项规范的要求和规定。

（3）具有代表性的工程施工图及有关标准图。对这些图纸进行仔细分析研究，并计算出工程数量，作为编制定额时选择施工方法、确定定额含量的依据。

（4）新技术、新结构、新材料和先进的施工方法等。这类资料是调整定额水平和增加新的定额项目所必需的依据。

（5）有关科学试验、技术测定的统计、经验资料。这类资料是确定定额水平的重要依据。

（6）现行的预算定额、材料预算价格及有关文件规定等，包括过去定额编制过程中积累的基础资料，也是编制预算定额的依据和参考。

2.2.2 预算定额的编制方法

1. 人工工日消耗量的计算

人工的工日数有两种确定方法：一种是以劳动定额为基础确定，另一种是以现场观察测定资料为基础计算。遇到劳动定额缺项时，采用现场工作日写实等测定方法确定和计算定额的人工耗用量。

采用以劳动定额为基础的测定方法时，预算定额中人工工日消耗量是指在正常施工条件下，生产单位合格产品所必须消耗的人工工日数量，是由分项工程所综合的各个工序劳动定额包括的基本用工、其他用工两部分组成的。

（1）基本用工。基本用工是指完成一定计量单位的分项工程或结构构件的各项工作过程的施工任务所必须消耗的技术工种用工。按技术工种相应工时定额计算，以不同工种列出定额工日。基本用工消耗量见式（2.14）。

$$基本用工消耗量 = \sum（综合取定的工程量 \times 劳动定额） \tag{2.14}$$

例如：混凝土柱工程中的混凝土搅拌、水平运输、浇筑、捣制和养护所需的工日数量根据劳动定额进行汇总后，形成混凝土柱预算定额中的基本用工消耗量。

根据劳动定额规定应增（减）计算工程量。由于预算定额是以施工定额子目综合扩大的，包括的工作内容较多，施工的效果、具体部位不一样，需要另外增加用工，这种人工消耗也应列入基本用工内。

（2）其他用工。其他用工是指预算定额中没有包含但在预算定额中又必须考虑进去的工时消耗，通常包括材料及半成品超运距用工、辅助用工和人工幅度差。

①超运距用工。它是指劳动定额中已包括的材料、半成品场内水平搬运距离与预算定额所考虑的现场材料半成品堆放地点到操作地点的水平搬运距离之差。其中，超运距和超运距用工消耗量的计算公式见式（2.15）、式（2.16）。

$$超运距 = 预算定额取定运距 - 劳动定额已包括的运距 \tag{2.15}$$

$$超运距用工消耗量 = \sum（超运距材料数量 \times 相应的劳动定额） \tag{2.16}$$

需要指出：实际工程现场运距超过预算定额取定运距时，可另行计算现场二次搬运费。

②辅助用工。它是指不包括在技术工种劳动定额内而在预算定额内又必须考虑的用工。例如机械土方工程配合用工、材料加工（筛砂、洗石、淋化石灰）、电焊点火工等，计算公式见式（2.17）。

$$辅助用工 = \sum（材料加工数量 \times 相应的加工劳动定额） \tag{2.17}$$

③人工幅度差。它是指预算定额与劳动定额的差额，主要指在劳动定额中未包括而在正常施工情况下不可避免但又很难准确计量的用工和各种工时损失。其内容包括：各工种间的工序搭接及交叉作业相互配合或影响所发生的停歇用工；施工机械在单位工程之间转移及临时水电线路移动所造成的停工；质量检查和隐蔽工程验收工作的影响；班组操作地点转移用工；工序交接时对前一工序不可避免的修整用工；施工中不可避免的其他零星用工。

人工幅度差计算公式见式（2.18）。

$$人工幅度差 = （基本用工 + 辅助用工 + 超运距用工） \times 人工幅度差系数 \tag{2.18}$$

人工幅度差系数一般为 10%～15%，在预算定额中，人工幅度差的用工量列入其他用工量中。

2. 材料消耗量的计算

预算定额中的材料消耗量一般由材料净用量和损耗量两部分构成。材料的损耗是指在正常条件下不可避免的材料消耗，如现场内材料运输及施工操作过程中的损耗等。

（1）材料消耗量分类。材料消耗量是完成单位合格产品所必须消耗的材料数量，按用途分为以下四种。

①主要材料，指直接构成工程实体的材料，包括成品、半成品的材料。

②辅助材料，指构成工程实体除主要材料以外的其他材料，如垫木、钉子、铅丝等。

③周转性材料，指脚手架、模板等多次周转使用的不构成工程实体的摊销性材料。

④其他材料，指用量较少，难以计算的零星用量，如棉纱、编号用的油漆等。

（2）材料消耗量上要计算方法

①凡有标准规格的材料，按规范要求计算定额计量单位的耗用量，如砖、防水卷材、块料面层等。

②凡设计图纸标注尺寸及下料要求的，按设计图纸尺寸计算材料净用量。

③各种黏结、涂料等材料的配合比用料，可以根据要求条件换算，得出材料用量。

④各种强度等级的混凝土及砌筑砂浆配合比的耗用原材料数量的计算，需按照规范要求试配，经过试压合格，并经过必要的调整得出水泥、砂、石、水的用量。对新材料、新结构，不能用其他方法计算定额消耗用量时，需用现场测定法来确定，根据不同条件可以采用写实记录法和观察法，得出定额的消耗量。

⑤其他材料的确定，一般按工艺测算，在定额项目材料计算表内列出名称、数量，并依编制期价格以及其他材料占主要材料的比率计算，列在定额材料栏之下，定额内可不列材料名称及耗用量。

3. 机械台班消耗量的计算

机械台班消耗量的计算详见"2.1.3 机械台班使用定额"中的"（2）计算机械台班使用定额"。

2.3 概算定额、概算指标与投资估算指标

2.3.1 概算定额

概算定额是在预算定额的基础上，根据通用图和标准图等资料，以主要分项工程为主，综合相关分项工程或工序适当扩大编制而成的扩大分项工程人工、材料、机械消耗量标准。概算定额是编制单位工程概算和概算指标的基础，是介于预算定额和概算指标之间的一种定额。

1. 概算定额的编制原则

概算定额应该贯彻社会平均水平和简明适用的原则。

预算定额也是工程计价的依据，应反映现阶段生产力水平。在概算定额与综合预算定额水平之间应保留必要的幅度差，并在概算定额编制过程中严格控制。

为满足事先确定概算造价、控制投资的要求，概算定额要尽量不留余地或少留余地。

2. 概算定额的编制依据

概算定额的适用范围不同于预算定额，其编制依据也略有区别，一般有以下几种。

（1）现行的设计标准规范。

（2）现行建筑安装工程预算定额。

（3）国务院各有关部门和各省、自治区、直辖市批准颁发的标准设计图集和有代表性的设计图纸等。

（4）现行的概算定额及其编制资料。

（5）编制期人工工资标准、材料预算价格、机械台班费用等。

3.概算定额基准价

概算定额基准价又称"扩大单价"，是概算定额单位扩大分部分项工程或结构等所需全部人工费、材料费、施工机械使用费之和，是概算定额价格表现的具体形式。计算公式见式（2.19）。

$$概算定额基准价＝概算定额单位人工费＋概算定额单位材料费＋概算定额单位施工机械使用费$$
$$＝人工概算定额消耗量×人工工资单价＋$$
$$\sum（材料概算定额消耗量×材料预算价格）＋$$
$$\sum（施工机械概算定额消耗量×机械台班费用单价） \tag{2.19}$$

概算定额基准价的制定依据与综合预算定额基价相同，以省会城市的工资标准、材料预算价格和机械台班单价计算基准价。在概算定额表中，一般应列出基准价所依据的单价，并在附录中列出材料预算价格取定表。

2.3.2　概算指标

1.建设工程概算指标的内容

我国各省、自治区、直辖市编制、使用的概算指标手册，一般由下列内容组成。

（1）编制总说明。作为概算指标使用指南的编制总说明，通常列在概算指标手册的最前面，说明概算指标的编制依据、适用范围、使用方法及概算指标的作用等重要问题。

（2）概算指标项目。每个具体的概算指标都包括示意图、经济指标表、结构特征及工程量指标表、主要材料消耗指标表和工日消耗指标表等内容。

2.概算指标的编制

必须按照国家颁发的建筑标准、设计规范及施工验收规范，标准设计图和各类工程的典型设计，现行的建筑工程概算定额、预算定额，现行的材料预算价格和其他价格资料，有代表性的、经济合理的工程造价资料，国家颁发的工程造价指标、有关部门测算的各类建筑物的单方造价指标等依据，采用如下步骤、方法进行编制。

（1）选定有代表性的、经济合理的工程造价资料。

（2）取数据。从选定的工程造价资料中取出土建、给排水、供暖、电气照明等各单位工程的经济指标、主要结构的工程量、人工及主要材料（设备、器具）消耗指标等项相关数据。

（3）计算经济指标。每 $100m^2$ 建筑面积的经济指标，即各单位工程每 $100m^2$ 建筑面积的人工费、材料费、施工机械使用费指标。

（4）计算主要结构的工程量指标。

（5）计算实物消耗指标。

（6）填制各项概算指标表，并按要求绘制出示意图。

3.概算指标的应用

概算指标的应用比概算定额具有更大的灵活性。由于它是一种综合性很强的指标，不可能与拟建工程的建筑特征、结构特征、自然条件、施工条件完全一致，因此在选用概算指标时要十分慎重，选用的指标与设计对象在各个方面应尽量一致或接近，不一致的地方要进行换算，以提高准确性。

一般概算指标的应用有两种情况：一是如果设计对象的结构特征与概算指标一致，可直接套用；二是如果设计对象的结构特征与概算指标的规定局部不同，要对指标的局部内容调整再套用。

2.3.3 投资估算指标

1. 投资估算指标的内容

投资估算指标是确定和控制建设项目全过程各项投资支出的技术经济指标，其范围涉及建设前期、建设实施期和竣工验收交付使用期等各个阶段的费用支出，内容因行业不同而各异，一般可分为建设项目综合指标、单项工程指标和单位工程指标三个层次。

（1）建设项目综合指标。建设项目综合指标指按规定应列入建设项目总投资从立项筹建开始至竣工验收交付使用的全部投资额，包括单项工程投资、工程建设其他费用和预备费等。建设项目综合指标一般以项目的综合生产能力单位投资表示，如"元/t""元/kW"。

（2）单项工程指标。单项工程指标指按规定应列入能独立发挥生产能力或使用效益的单项工程内的全部投资额，包括建筑工程费，安装工程费，设备、工具、器具及生产家具购置费和可能包含的其他费用。单项工程一般划分原则如下。

①主要生产设施：直接参加生产产品的工程项目，包括生产车间或生产装置。

②辅助生产设施：为主要生产车间服务的工程项目，包括集中控制室、中央实验室、机修、电修、仪器仪表修理及木工（模）等车间，原材料、半成品、成品及危险品等仓库。

③公用工程：包括给排水系统（给排水泵房、水塔、水池及全厂给排水管网）、供热系统（锅炉房及水处理设施、全厂热力管网）、供电及通信系统（变配电所、开关所及全厂输电、电信线路）以及热电站、热力站、煤气站、空压站、冷冻站、冷却塔和全厂管网等。

④环境保护工程：包括废气、废渣、废水等处理和综合利用设施及全厂性绿化。

⑤总图运输工程：包括厂区防洪、围墙大门、传达及收发室、汽车库、消防车库、厂区道路、桥涵、厂区码头及厂区大型土石方工程。

⑥厂区服务设施：包括厂部办公室、厂区食堂、医务室、浴室、哺乳室、自行车棚等。

⑦生活福利设施：包括职工医院、住宅、生活区食堂、职工医院、俱乐部、托儿所、幼儿园、子弟学校、商业服务点以及与之配套的设施。

⑧厂外工程：如水源工程，厂外输电、输水、排水、通信、输油等管线以及公路、铁路专用线等。

（3）单位工程指标。单位工程指标指按规定应列入能独立设计、施工的工程项目的费用，即建筑安装工程费用。单位工程指标一般以如下方式表示：房屋区别不同结构形式以"元/m²"表示；道路区别不同结构层、面层以"元/m²"表示；水塔区别不同结构层、容积以"元/座"表示；管道区别不同材质、管径以"元/m"表示。

2. 投资估算指标编制

（1）投资估算指标的编制原则。由于投资估算指标属于项目建设前期进行估算投资的技术经济指标，它不仅要反映实施阶段的静态投资，还必须反映项目建设前期和交付使用期内发生的动态投资，以投资估算指标为依据编制的投资估算，包含项目建设的全部投资额。这就要求投资估算指标比其他各种计价定额具有更大的综合性和概括性。因此，投资估算指标的编制工作，除应遵循一般定额的编制原则外，还必须坚持以下原则。

①投资估算指标项目的确定，应考虑以后几年编制建设项目建议书和可行性研究报告投资估算的需要。

②投资估算指标的分类、项目划分、项目内容、表现形式等，要结合各专业的特点，并且与项目建议书、可行性研究报告的编制深度相适应。

③投资估算指标的编制内容，典型工程的选择，必须遵循国家的有关建设方针政策，符合国家技术发展方向，贯彻国家发展方向原则，使指标的编制既能反映正常建设条件下的造价水平，也能适应今后若干年的科技发展水平。坚持技术上先进、可行和经济上合理，力争以较少的投入求得最大的投资效益。

④投资估算指标的编制要反映不同行业、不同项目和不同工程的特点，投资估算指标要适应项目前期工作深度的需要，而且具有更大的综合性。投资估算指标要密切结合行业特点和项目建设的特定条件。在内容上既要贯彻指导性、准确性和可调性原则，又要有一定的深度和广度。

⑤投资估算指标的编制要贯彻静态和动态相结合的原则。要充分考虑在市场经济条件下，由于建设条件、实施时间、建设期限等因素的不同，考虑到建设期的动态因素，即价格、建设期利息、国家及地方政策等因素的变动，导致的量差、价差、利息差、费用差等"动态"因素对投资估算的影响。对上述动态因素给予必要的调整办法和调整参数，尽可能减少这些动态因素对投资估算准确度的影响，使指标具有较强的实用性和可操作性。

（2）投资估算指标的编制依据。

①依照不同的产品方案、工艺流程和生产规模，确定建设项目主要生产、辅助生产、公用设施及生活福利设施等单项工程内容、规模、数量以及结构形式，选择相应具有代表性、符合技术发展方向、数量足够的已经建成或正在建设的并具有重复使用可能的设计图样及其工程量清册、设备清单、主要材料用量表和预算资料、决算资料，经过分类、筛选、整理出编制依据。

②国家和主管部门制订颁发的建设项目用地定额、建设项目工期定额、单项工程施工工期定额及生产定员标准等。

③编制年度现行全国统一、地区统一的各类工程概预算定额、各种费用标准。

④编制年度的各类工资标准、材料单价、机具台班单价及各类工程造价指数，应以所处地区的标准为准。

⑤设备价格。

3 工程造价的构成

3.1 设备及工器具购置费用的构成

设备及工器具购置费用由设备购置费和工具、器具及生产家具购置费组成。它是固定资产投资中的积极部分。在生产性工程建设中，设备、工器具购置费用与资本的有机构成相联系。设备、工器具购置费用在工程造价中的占比增大，意味着生产技术的进步和资本有机构成的提高。

确定固定资产的标准是：使用年限在一年以上，单位价值在 1000 元、1500 元或 2000 元等规定限额以上，具体标准由各主管部门规定。新建项目和扩建项目的新建车间购置或自制的全部设备、工具、器具，无论是否达到固定资产标准，均计入设备及工器具购置费用中。

3.1.1 设备购置费

设备购置费是指为建设项目购置或自制的达到固定资产标准的各种国产或进口设备、工具、器具的购置费用。它由设备原价和设备运杂费构成，见式（3.1）。

$$设备购置费＝设备原价＋设备运杂费 \tag{3.1}$$

式中，设备原价是指国产设备的原价或进口设备的到岸价；设备运杂费是指除设备原价之外的有关设备采购、运输、途中包装及仓库保管等方面支出费用的总和。

1. 国产设备原价的构成计算

国产设备原价一般是指设备制造厂的交货价，即出厂价或订货合同价。它一般根据生产厂或供应商的询价、报价、合同价确定，或采用一定的方法计算确定。国产设备原价分为国产标准设备原价和国产非标准设备原价。

（1）国产标准设备原价。国产标准设备是指按照主管部门颁布的标准图纸和技术要求，由我国设备生产厂批量生产的，符合国家质量检测标准的设备。有的国产标准设备原价有两种，即带有备件的原价和不带有备件的原价。在计算时，一般采用带有备件的原价。

（2）国产非标准设备原价。国产非标准设备是指国家尚无定型标准，各设备生产厂不可能在工艺过程中采用批量生产，只能按一次订货，并根据具体的设计图纸制造的设备。国产非标准设备原价有多种不同的计算方法，如成本估价法、定额估价法、分部组合估价法、系列设备插入估价法等。但无论采用哪种方法，都应该使非标准设备计价接近实际出厂价，并且计算方法要简便。按成本估价法，国产非标准设备的原价由以下各项费用组成。

①材料费。其计算公式见式（3.2）。

$$材料费＝材料净重×（1＋加工损耗系数）×每吨材料综合价 \tag{3.2}$$

②加工费。加工费包括生产工人工资和工资附加费、燃料动力费、设备折旧费、车间经费等。其计算公式见式（3.3）。

$$加工费＝设备总质量×设备每吨加工费 \tag{3.3}$$

③辅助材料费。其包括焊条、焊丝、氧气、氩气、氮气、油漆、电石等费用。其计算公式见式（3.4）。

$$辅助材料费＝设备总质量×辅助材料费指标 \tag{3.4}$$

④专用工具费。按"①～③"项之和乘以一定百分比计算。

⑤废品损失费。按"①～④"项之和乘以一定百分比计算。

⑥外购配套件费。按设备设计图纸所列的外购配套件的名称、型号、规格、数量、质量，根据相应的价格加运杂费计算。

⑦包装费。按"①～⑥"项之和乘以一定百分比计算。

⑧利润。可按"①～⑤"项加第"⑦"项之和乘以一定利润率计算。

⑨税金。它主要指增值税。其计算公式见式（3.5）、式（3.6）。

$$增值税＝当期销项税额－进项税额 \tag{3.5}$$

$$当期销项税额＝销售额×适用增值税税率 \tag{3.6}$$

⑩非标准设备设计费。该项费用按国家确定的设计费收费标准计算。

综上所述，单台国产非标准设备原价可用式（3.7）表达。

$$单台国产非标准设备原价＝\left\{ \begin{array}{l} (材料费＋加工费＋辅助材料费) × (1＋专用工具费率) × \\ (1＋废品损失费率)＋外购配套件费 \\ (1＋包装费率)－外购配套件费 \end{array} \right\} ×$$
$$× (1＋利润率)＋销项税金＋非标准设备设计费＋外购配套件费 \tag{3.7}$$

2. 进口设备原价的构成及计算

进口设备的原价是指进口设备的抵岸价，即抵达买方边境港口或边境车站，且交完关税等税费后形成的价格。进口设备抵岸价的构成与进口设备的交货类别有关。

（1）进口设备的交货类别。进口设备的交货类别可分为内陆交货、目的地交货、装运港交货3种类型。

内陆交货类，即卖方在出口国内陆的某个地点交货。在交货地点，卖方及时提交合同规定的货物和有关凭证，并负担交货前的一切费用和风险；买方按时接受货物，交付货款，承担接货后的一切费用和风险，并自行办理出口手续和装运出口。货物的所有权也在交货后由卖方转移给买方。

目的地交货类，即卖方在进口国的港口或出口国的内地交货，有目的港船上交货价、目的港船边交货价和目的港码头交货价及完税后交货价等几种交货价。它们的特点是：买卖双方承担的责任、费用和风险以目的地约定交货点为分界线，只有当卖方在交货点将货物置于买方控制下才算交货，才能向买方收取货款。这种交货类别对卖方来说承担的风险较大，在国际贸易中卖方一般不愿采用。

装运港交货类，即卖方在出口国装运港交货，主要有装运港船上交货价（习惯称"离岸价格"），运费在内价，运费、保险费在内价（习惯称"到岸价格"）。它们的特点是：卖方按照约定的时间在装运港交货，只要卖方把合同规定的货物装船后提供货运单据，便完成交货任务，可凭单据收回货款。

装运港船上交货价是我国进口设备采用最多的一种货价。采用船上交货价时，卖方的责任是：在规定的期限内，负责在合同规定的装运港口将货物装上买方指定的船上，并及时通知买方；负担货物装船前的一切费用和风险；负责办理出口手续；提供出口国政府或有关方面签发的证件；负责提供有关装运单据。买方的责任是：负责租船或订舱，支付运费，并将船期、船名通知卖方；负担货物装船后的一切费用和风险；负责办理保险及支付保险费，办理在目的港的进口和收货手续；接受卖方提供的有关装运单据，并按合同规定支付货款。

（2）进口设备到岸价、抵岸价的构成及计算。进口设备到岸价、抵岸价的构成与计算公式见式（3.8）、式（3.9）。

$$进口设备到岸价＝货价＋国际运费＋运输保险费 \qquad (3.8)$$

$$进口设备抵岸价＝货价＋国际运费＋运输保险费＋银行财务费＋外贸手续费＋$$
$$关税＋增值税＋消费税＋海关监管手续费＋车辆购置税 \qquad (3.9)$$

①货价。一般指装运港船上交货价。设备货价分为原币货价和人民币货价，原币货价一律折算为美元表示。人民币货价按原币货价乘以外汇市场美元兑换人民币中间价确定。进口设备货价按有关生产厂商询价、报价、订货合同价计算。

②国际运费。它是指从装运港（站）到达我国抵达港（站）的运费。我国进口设备大部分采用海洋运输，小部分采用铁路运输，个别采用航空运输。进口设备国际运费计算公式见式（3.10）、式（3.11）。

$$国际运费（海、陆、空）＝原币货价×运费率 \qquad (3.10)$$

式中，运费率或单位运价参照有关部门或进出口公司的规定执行。

$$国际运费（海、陆、空）＝运量×单位运价 \qquad (3.11)$$

③运输保险费。对外贸易货物运输保险是由保险人（保险公司）与被保险人（出口人或进口人）订立保险契约，在被保险人交付议定的保险费后，保险人根据保险契约的规定对货物在运输过程中发生的承保责任范围内的损失给予经济上的补偿。这是一种财产保险。计算公式见式（3.12）。

$$运输保险费＝\frac{原币货价＋国外运费}{1－保险费率}×保险费率 \qquad (3.12)$$

式中，保险费率按保险公司规定的进口货物保险费率计算。

④银行财务费。一般是指中国银行手续费，可按式（3.13）计算。

$$银行财务费＝人民币货价×银行财务费率 \qquad (3.13)$$

⑤外贸手续费。它是指按商务部规定的外贸手续费率计取的费用。外贸手续费率一般取1.5%。计算公式见式（3.14）。

$$外贸手续费＝（装运港船上交货价＋国际运费＋运输保险费）×外贸手续费率 \qquad (3.14)$$

⑥关税。它是指由海关对进出国境或关境的货物和物品征收的一种税。计算公式见式（3.15）。

$$关税＝到岸价格×进口关税税率 \qquad (3.15)$$

到岸价格包括离岸价格、国际运费、运输保险费等费用，它作为关税完税价格。进口关税税率分为优惠和普通两种。优惠税率适用于与我国签订有关税互惠条款的贸易条约或协定的国家的进口设备；普通税率适用于与我国未签订有关税互惠条款的贸易条约或协定的国家的进口设备。进口关税税率按我国海关总署发布的进口关税税率计算。

⑦增值税。增值税是对从事进口贸易的单位和个人，在进口商品报关进口后征收的税种。《中华人民共和国增值税暂行条例》（2017年修订）第一条规定："在中华人民共和国境内销售货物或者加工、修理修配劳务（以下简称劳务），销售服务、无形资产、不动产以及进口货物的单位和个人，为增值税的纳税人，应当依照本条例缴纳增值税。"第十四条规定："纳税人进口货物，按照组成计税价格和本条例第二条规定的税率计算应纳税额……"组成计税价格和应纳税额计算公式见式（3.16）、式（3.17）。

$$组成计税价格 = 关税完税价格 + 关税 + 消费税 \tag{3.16}$$

$$应纳税额 = 组成计税价格 \times 税率 \tag{3.17}$$

增值税税率根据规定的税率计算。

⑧消费税。消费税对部分进口设备（如轿车、摩托车等）征收，一般计算公式见式（3.18）。

$$应纳消费税税额 = \frac{到岸价 + 关税}{1 - 消费税税率} \times 消费税税率 \tag{3.18}$$

式中，消费税税率根据规定的税率计算。

⑨海关监管手续费。海关监管手续费是指海关对进口减税、免税、保税货物实施监督、管理、提供服务的手续费。对于全额征收进口关税的货物不计本项费用。其公式见式（3.19）。

$$海关监管手续费 = 到岸价 \times 海关监管手续费率 \tag{3.19}$$

式中，海关监管手续费率一般为0.3%。

⑩车辆购置税。进口车辆需缴纳进口车辆购置税。其计算公式见式（3.20）。

$$进口车辆购置税 = （到岸价 + 关税 + 消费税 + 增值税） \times 进口车辆购置税税率 \tag{3.20}$$

3. 设备运杂费的构成及计算

（1）设备运杂费的构成

①运费和装卸费。国产设备的运费和装卸费是指由设备制造厂交货地点起至工地仓库或施工组织设计指定的需要安装设备的堆放地点为止，所发生的运费和装卸费。进口设备的运费和装卸费则由我国到岸港口或边境车站起至工地仓库或施工组织设计指定的需安装设备的堆放地点为止，所发生的运费和装卸费。

②包装费。在设备原价中没有包含的，为运输而进行的包装支出的各种费用。

③设备供销部门的手续费。按有关部门规定的统一费率计算。

④采购与仓库保管费。它是指采购、验收、保管和收发设备所发生的各种费用，包括设备采购人员、保管人员和管理人员的工资、工资附加费、办公费、差旅交通费，设备供应部门办公和仓库所占固定资产使用费、工具用具使用费、劳动保护费、检验试验费等。这些费用可按主管部门规定的采购与保管费率计算。

（2）设备运杂费的计算。设备运杂费按设备原价乘以设备运杂费率计算，其计算公式见式（3.21）。

$$设备运杂费 = 设备原价 \times 设备运杂费率 \tag{3.21}$$

式中，设备运杂费率按各部门及省、市等的规定计取。

3.1.2 工具、器具及生产家具购置费

工具、器具及生产家具购置费是指新建或扩建项目初步设计规定的，保证初期正常生产必须购置的没有达到固定资产标准的设备、仪器、工卡模具、器具、生产家具和备品备件等的购置费用。一般以设备费为计算基数，按照部门或行业规定的工具、器具及生产家具购置费率计算。计算公式见式（3.22）。

$$工器具及生产家具购置费＝设备购置费×定额费率 \tag{3.22}$$

3.2 建筑安装工程费的构成

建筑安装工程费是指建设单位支付给从事建筑安装工程的施工单位的全部生产费用，包括用于建筑物的建造及有关的准备、清理等工程的投资，用于需要安装设备的安置、装配工作的投资。建筑工程费是指用于建筑物、构筑物、矿山、桥涵、道路等土木工程建设而发生的全部费用。安装工程费是指用于设备、工器具、交通运输设备、生产家具等的组装和安装，以及配套工程安装而发生的全部费用。

3.2.1 建筑安装工程费（按构成要素划分）

按照费用构成要素划分，建筑安装工程费包括人工费、材料费（包含工程设备，下同）、施工机具使用费、企业管理费、利润、规费和税金。

1. 人工费

人工费是指按工资总额构成规定，支付给从事建筑安装工程施工的生产工人和附属生产单位工人的各项费用。

（1）人工费的组成

①计时工资或计件工资。它是指按计时工资标准和工作时间或对已做工作按计件单价支付给个人的劳动报酬。

②奖金。它是指对超额劳动和增收节支支付给个人的劳动报酬，如节约奖、劳动竞赛奖等。

③津贴补贴。它是指为了补偿职工特殊或额外的劳动消耗和因其他特殊原因支付给个人的津贴，以及为了保证职工工资水平不受物价影响而支付给个人的物价补贴，如流动施工津贴、特殊地区施工津贴、高温（寒）作业临时津贴、高空津贴等。

④加班加点工资。它是指按规定支付的在法定节假日工作的加班工资和在法定日工作时间外延时工作的加点工资。

⑤特殊情况下支付的工资。它是指根据国家法律、法规和政策规定，因病、工伤、产假、婚丧假、事假、探亲假、定期休假、停工学习、执行国家或社会义务等原因按计时工资标准或计时工资标准的一定比例支付的工资。

（2）人工费的计算

①方法一，见式（3.23）、式（3.24）。

$$人工费＝\sum（工日消耗量×日工资单价） \tag{3.23}$$

$$日工资单价=\frac{生产工人平均月工资（计时、计件）+平均月（奖金+津贴补贴+特殊情况下支付的工资）}{年平均每月法定工作日}$$

(3.24)

方法一主要适用于施工企业投标报价时自主确定人工费，也是工程造价管理机构编制计价定额时确定定额人工单价或发布人工成本信息的参考依据。

②方法二，见式（3.25）。

$$人工费=\sum（工程工日消耗量×日工资单价）$$ (3.25)

方法二适用于工程造价管理机构编制计价定额时确定定额人工费，是施工企业投标报价的参考依据。

其中，日工资单价是指施工企业平均技术熟练程度的生产工人在每工作日（国家法定工作时间内）按规定从事施工作业应得的日工资总额。

工程工日消耗量是指在正常的施工生产条件下，完成规定计量单位的建筑安装产品所消耗的生产工人的工日数量。它由分项工程所综合的各个工序劳动定额组成，包括基本用工和其他用工两部分。

工程造价管理机构确定日工资单价应通过市场调查，根据工程项目的技术要求，参考实物工程量人工单价综合分析确定，普工、一般技工、高级技工最低日工资单价分别不得低于工程所在地人力资源和社会保障部门发布的最低工资标准的 1.3 倍、2 倍、3 倍。

工程计价定额不可只列一个综合工日单价，应根据工程项目技术要求和工种差别适当划分多种日人工单价，确保各分部工程人工费的合理构成。

2. 材料费

材料费是指施工过程中耗费的原材料、辅助材料、构配件、零件、半成品或成品、工程设备等的费用，以及周转材料等的摊销、租赁费用。

（1）材料费的组成

①材料原价。它是指材料、工程设备的出厂价格或商家供应价格。

②运杂费。它是指材料、工程设备自来源地运至工地仓库或指定堆放地点所发生的全部费用。

③运输损耗费。它是指材料在运输装卸过程中不可避免的损耗。

④采购及保管费。它是指为组织采购、供应和保管材料、工程设备的过程中需要的各项费用，包括采购费、仓储费、工地保管费、仓储损耗。

工程设备是指构成或计划构成永久工程一部分的机电设备、金属结构设备、仪器装置及其他类似的设备和装置。

（2）材料费的计算

①材料费计算公式见式（3.26）、式（3.27）。

$$材料费=\sum（材料消耗量×材料单价）$$ (3.26)

$$材料单价=\{（材料原价+运杂费）×（1+运输损耗率）\}×（1+采购保管费率）$$ (3.27)

②工程设备费计算公式见式（3.28）、式（3.29）。

$$工程设备费=\sum（工程设备量×工程设备单价）$$ (3.28)

$$工程设备单价=（设备原价+运杂费）×（1+采购保管费率）$$ (3.29)

3. 施工机具使用费

施工机具使用费是指施工作业时发生的施工机械、仪器仪表使用费或其租赁费。

（1）施工机械使用费。它以施工机械台班耗用量乘以施工机械台班单价表示。施工机械台班单价应由下列七项费用组成。

①折旧费。它是指施工机械在规定的使用年限内，陆续收回其原值的费用。

②大修理费。它是指施工机械按规定的大修理间隔台班进行必要的大修理，以恢复其正常功能所需的费用。

③经常修理费。它是指施工机械除大修理以外的各级保养和临时故障排除所需的费用，包括为保障机械正常运转所需替换设备与随机配备工具附具的摊销和维护费用，机械运转中日常保养所需润滑与擦拭的材料费用及机械停滞期间的维护和保养费用等。

④安拆费及场外运费。安拆费是指施工机械（大型机械除外）在现场进行安装与拆卸所需的人工、材料、机械和试运转费用以及机械辅助设施的折旧、搭设、拆除等费用。场外运费是指施工机械整体或分体自停放地点运至施工现场或由一个施工地点运至另一个施工地点的运输、装卸、辅助材料及架线等费用。

⑤人工费。它是指机上司机（司炉）和其他操作人员的人工费。

⑥燃料动力费。它是指施工机械在运转作业中消耗的各种燃料及水、电等费用。

⑦税费。它是指施工机械按照国家规定应缴纳的车船使用税、保险费及年检费等。

（2）施工机械使用费的计算。施工机械使用费的计算公式见式（3.30）、式（3.31）。

$$施工机械使用费＝\sum（施工机械台班消耗量×机械台班单价） \tag{3.30}$$

$$机械台班单价＝台班折旧费＋台班大修费＋台班经常修理费＋台班安拆费及场外运费＋$$
$$台班人工费＋台班燃料动力费＋台班车船税费 \tag{3.31}$$

工程造价管理机构在确定计价定额中的施工机械使用费时，应根据《建设工程施工机械台班费用编制规则》（建标〔2015〕34号），结合市场调查编制施工机械台班单价。施工企业可以参考工程造价管理机构发布的台班单价，自主确定施工机械使用费的报价。租赁施工机械的计算公式见式（3.32）。

$$施工机械使用费＝\sum（施工机械台班消耗量×机械台班租赁单价） \tag{3.32}$$

（3）仪器仪表使用费及其计算。它是指工程施工所需使用的仪器仪表的摊销及维修费用。仪器仪表台班单价应包括折旧费、维修费、校验费、动力费。其计算公式见式（3.33）。

$$仪器仪表使用费＝工程使用的仪器仪表摊销费＋维修费 \tag{3.33}$$

4. 企业管理费

企业管理费是指建筑安装企业组织施工生产和经营管理所需的费用。

（1）企业管理费的组成

①管理人员工资。它是指按规定支付给管理人员的计时工资、奖金、津贴补贴、加班加点工资及特殊情况下支付的工资等。

②办公费。它是指企业管理办公用的文具、纸张、账表、印刷、邮电、书报、办公软件、现场监控、会议、水电、烧水和集体取暖降温（包括现场临时宿舍取暖降温）等费用。

③差旅交通费。它是指职工因公出差、调动工作的差旅费、住勤补助费，市内交通

费和误餐补助费，职工探亲路费，劳动力招募费，职工退休、退职一次性路费，工伤人员就医路费，工地转移费以及管理部门使用的交通工具的油料、燃料等费用。

④固定资产使用费。它是指管理和试验部门及附属生产单位使用的属于固定资产的房屋、设备、仪器等的折旧、大修、维修或租赁费。

⑤工具用具使用费。它是指企业施工生产和管理使用的不属于固定资产的工具、器具、家具、交通工具和检验、试验、测绘、消防用具等的购置、维修和摊销费。

⑥劳动保险和职工福利费。它是指由企业支付的职工退职金、按规定支付给离休干部的经费，集体福利费、夏季防暑降温、冬季取暖补贴、上下班交通补贴等。

⑦劳动保护费。它是企业按规定发放的劳动保护用品的支出，如工作服、手套、防暑降温饮料以及在有碍身体健康的环境中施工的保健费用等。

⑧检验试验费。它是指施工企业按照有关标准规定，对建筑以及材料、构件和建筑安装物进行一般鉴定、检查所发生的费用，包括自设实验室进行试验所耗用的材料等费用，不包括新结构、新材料的试验费，对构件做破坏性试验及其他特殊要求检验试验的费用和建设单位委托检测机构进行检测的费用。对此类检测发生的费用，由建设单位在工程建设其他费用中列支。但对施工企业提供的具有合格证明的材料进行检测不合格的，该检测费用由施工企业支付。

⑨工会经费。它是指企业按《中华人民共和国工会法》（2021年修订）规定的全部职工工资总额比例计提的工会经费。

⑩职工教育经费。它是指按职工工资总额的规定比例计提，企业为职工进行专业技术和职业技能培训，专业技术人员继续教育、职工职业技能鉴定、职业资格认定以及根据需要对职工进行各类文化教育所发生的费用。

⑪财产保险费。它是指施工管理用财产、车辆等的保险费用。

⑫财务费。它是指企业为施工生产筹集资金或提供预付款担保、履约担保、职工工资支付担保等所发生的各种费用。

⑬税金。它是指除增值税之外的企业按规定缴纳的房产税、非生产性车船使用税、土地使用税、印花税、消费税、资源税、环境保护税、城市维护建设税、教育费附加、地方教育附加等各项税费。

⑭其他。它包括技术转让费、技术开发费、投标费、业务招待费、绿化费、广告费、公证费、法律顾问费、审计费、咨询费、保险费等。

（2）企业管理费的计算

①以分部分项工程费为计算基础，见式（3.34）。

$$企业管理费费率 = \frac{生产工人年平均管理费}{年有效施工天数} \times 人工费占分部分项工程费的比例 \quad (3.34)$$

②以人工费和机械费合计为计算基础，见式（3.35）。

$$企业管理费费率 = \frac{生产工人年平均管理费}{年有效施工天数 \times (人工单价 + 每一工日机械使用费)} \times 100\% \quad (3.35)$$

③以人工费为计算基础，见式（3.36）。

$$企业管理费费率 = \frac{生产工人年平均管理费}{年有效施工天数 \times 人工单价} \times 100\% \quad (3.36)$$

5. 利润

利润是指施工企业完成所承包工程获得的盈利。施工企业根据自身需求并结合建筑市场实际自主确定利润水平并列入报价中。工程造价控制管理机构在确定计价定额中的利润时，应以定额人工费或以定额人工费与定额机械费之和作为计算基数，其费率根据历年工程造价积累的资料，并结合建筑市场实际确定，以单位（单项）工程测算，利润在税前建筑安装工程费的比重可按不低于 5% 且不高于 7% 的费率计算。利润应列入分部分项工程费和措施项目费中。

6. 规费

规费是指按国家法律、法规规定，由省级政府和省级有关权力部门规定必须缴纳或计取的费用。

（1）规费的组成

①社会保险费，包括：养老保险费，指企业按照规定标准为职工缴纳的基本养老保险费；失业保险费，指企业按照规定标准为职工缴纳的失业保险费；医疗保险费，指企业按照规定标准为职工缴纳的基本医疗保险费；生育保险费，指企业按照规定标准为职工缴纳的生育保险费；工伤保险费，指企业按照规定标准为职工缴纳的工伤保险费。

②住房公积金，指企业按规定标准为职工缴纳的住房公积金。

其他应列而未列入的规费，按实际发生计取。

（2）规费的计算。规费包含社会保险费和住房公积金。社会保险费和住房公积金应以定额人工费为计算基础，根据工程所在地省、自治区、直辖市或行业建设主管部门规定的费率计算，见式（3.37）。

$$社会保险费和住房公积金 = \sum（工程定额人工费 \times 社会保险费和住房公积金费率）\quad (3.37)$$

式中，社会保险费和住房公积金费率以每万元发承包价的生产工人人工费和管理人员工资含量与工程所在地规定的缴纳标准综合分析取定。

7. 税金

建筑安装工程费用中的税金即增值税，按税前造价乘以增值税税率确定。增值税计税方法采用销项税额与进项税额抵扣计算应纳税额的方法（简易计税方法可以视为可抵扣进项税额为 0）。增值税是一种可以向下游企业进行转嫁的流转税。对于承包人来说，增值税的高低并不影响其真实的收入，建筑安装工程费用按照不含税价格计算更能直观地体现承包人的生产成果；对于发包人来说，建筑安装工程费用中包括的增值税是其必须进行支付的一笔金额（虽然这笔金额最终可能成为发包人的进项税额予以抵扣），发包人必须为这项支出进行资金储备。因此，计算含税价格可以更加准确地反映出发包人的投资支出总额。

（1）采用一般计税方法计算。当采用一般计税方法时，建筑业增值税税率为 9%，计算公式见式（3.38）、式（3.39）。

$$增值税 = 税前造价 \times 9\% = \frac{含税造价}{1+9\%} \times 9\% \quad (3.38)$$

$$税前造价 = 人工费 + 材料费 + 施工机具使用费 + 企业管理费 + 利润和规费 \quad (3.39)$$

式（3.39）中各费用项目均以不包含增值税可抵扣进项税额的价格计算。

（2）采用简易计税方法计算。当采用简易计税方法时，建筑业增值税征收率为 3%，计算公式见式（3.40）。

$$增值税 = 税前造价 \times 3\% = \frac{含税造价}{1+3\%} \times 3\% \quad (3.40)$$

其中，税前造价可采用式（3.39）计算，但式中各费用项目均要以包含增值税进项税额的含税价格计算。

3.2.2 建筑安装工程费（按造价形式划分）

建筑安装工程费按照造价形式划分为分部分项工程费、措施项目费、其他项目费、规费、税金，分部分项工程费、措施项目费、其他项目费包含人工费、材料费、施工机具使用费、企业管理费和利润。

1. 分部分项工程费

分部分项工程费是指各专业工程的分部分项工程应予列支的各项费用。其计算公式见式（3.41）。

$$分部分项工程费 = \sum（分部分项工程量 \times 综合单价）\tag{3.41}$$

式中，综合单价包括人工费、材料费、施工机具使用费、企业管理费和利润。

2. 措施项目费

措施项目费是指为完成建设工程施工，发生于该工程施工前和施工过程中的技术、生活、安全、环境保护等方面的费用。

（1）措施项目费的组成

①安全文明施工费，包括：环境保护费，指施工现场为达到环保部门要求所需要的各项费用；文明施工费，指施工现场文明施工所需要的各项费用；安全施工费，指施工现场安全施工所需要的各项费用；临时设施费，指施工企业为进行建设工程施工所必须搭设的生活和生产用的临时建筑物、构筑物和其他临时设施的费用，包括临时设施的搭设、维修、拆除、清理费或摊销费等。

②夜间施工增加费，指因夜间施工所发生的夜班补助费、夜间施工降效、夜间施工照明设备摊销及照明用电等费用。

③二次搬运费，指因施工场地条件限制而发生的材料、构配件、半成品等一次运输不能到达堆放地点，必须进行二次或多次搬运所发生的费用。

④冬雨期施工增加费，指在冬季或雨期施工需增加的临时设施、防滑、排除雨雪，人工及施工机械效率降低等费用。

⑤已完工程及设备保护费，指竣工验收前，对已完工程及设备采取的必要保护措施所发生的费用。

⑥工程定位复测费，指工程施工过程中进行全部施工测量放线和复测工作的费用。

⑦特殊地区施工增加费，指工程在沙漠或其边缘地区、高海拔、高寒、原始森林等特殊地区施工增加的费用。

⑧大型机械设备进出场及安拆费，指机械整体或分体自停放场地运至施工现场或由一个施工地点运至另一个施工地点，所发生的机械进出场运输及转移费用及机械在施工现场进行安装、拆卸所需的人工费、材料费、机械费、试运转费和安装所需的辅助设施的费用。

⑨脚手架工程费，指施工需要的各种脚手架搭、拆、运输费用以及脚手架购置费的摊销（或租赁）费用。

措施项目及其包含的内容详见各类专业工程的现行国家或行业计量规范。

（2）措施项目费的计算

①国家计量规范规定应予计量的措施项目，其费用计算公式见式（3.40）。

$$措施项目费＝\sum（措施项目工程量×综合单价）\qquad(3.42)$$

②国家计量规范规定不宜计量的措施项目，其费用计算方法如下。

a. 安全文明施工费，其计算公式见式（3.43）。

$$安全文明施工费＝计算基数×安全文明施工费费率\qquad(3.43)$$

计算基数应为定额基价（定额分部分项工程费＋定额中可以计量的措施项目费）、定额人工费或（定额人工费＋定额机械费），其费率由工程造价管理机构根据各专业工程的特点综合确定。

b. 夜间施工增加费，其计算公式见式（3.44）。

$$夜间施工增加费＝计算基数×夜间施工增加费费率\qquad(3.44)$$

c. 二次搬运费，其计算公式见式（3.45）。

$$二次搬运费＝计算基数×二次搬运费费率\qquad(3.45)$$

d. 冬雨期施工增加费，其计算公式见式（3.46）。

$$冬雨期施工增加费＝计算基数×冬雨期施工增加费费率\qquad(3.46)$$

e. 已完工程及设备保护费，其计算公式见式（3.47）。

$$已完成工程及设备保护费＝计算基数×已完成工程及设备保护费费率\qquad(3.47)$$

上述 a～e 项措施项目的计费基数应为定额人工费或定额人工费与定额机械费之和，其费率由工程造价管理机构根据各专业工程特点和调查资料综合分析后确定。

3. 其他项目费

（1）暂列金额。它是指建设单位在工程量清单中暂定并包含在工程合同价款中的一笔款项，用于施工合同签订时尚未确定或者不可预见的所需材料、工程设备、服务的采购，施工中可能发生的工程变更、合同约定的调整因素出现时的工程价款调整以及发生的索赔、现场签证确认等的费用。

暂列金额由建设单位根据工程特点，按有关计价规定估算。施工过程中由建设单位掌握使用、扣除，合同价款调整后若有余额，归建设单位。

（2）计日工。它是指在施工过程中，施工企业完成建设单位提出的施工图以外的零星项目或工作所需的费用。计日工由建设单位和施工单位按施工过程中形成的有效签证来计价。

（3）总承包服务费。它是指总承包人为配合、协调建设单位进行的专业工程发包，对建设单位自行采购的材料、工程设备等进行保管以及施工现场管理、竣工资料汇总整理等服务所需的费用。

总承包服务费由建设单位在招标控制价中根据总承包范围和有关计价规定编制，施工单位投标时自主报价，施工过程中按签约合同价执行。

4. 规费

社会保险费和住房公积金应以定额人工费为计算基数，根据工程所在地省、自治区、直辖市或行业建设主管部门规定的费率计算，其计算公式见式（3.48）。

$$社会保险费和住房公积金＝\sum（工程定额人工费×社会保险费和住房公积金费率）\qquad(3.48)$$

式中，社会保险费和住房公积金费率可以每万元发承包价的生产工人人工费和管理人员工资含量与工程所在地规定的缴纳标准综合分析取定。

5. 税金

建筑安装工程费用的税金是指国家税法规定应计入建筑安装工程造价内的增值税销项税额。增值税是以商品（含应税劳务）在流转过程中产生的增值额作为计税依据而征收的一种流转税。从计税原理上说，增值税是对商品生产、流通、劳务服务中多个环节的新增价值或商品的附加值征收的一种流转税。

3.3　工程建设其他费用的构成

工程建设其他费用是指在从工程筹建到竣工交付使用的整个建设期，除设备及工器具购置费用和建筑安装工程费用以外的，属于建设项目建设投资开支，为保证工程建设顺利完成和交付使用后能够正常发挥效用而发生的各项费用。

3.3.1　建设用地费

建设项目需固定于某一地点、与地面相连接，必定会占用一定量的土地，为获得建设用地支付的费用称为"建设用地费"，它是指为获得工程项目建设用地的使用权而在建设期内发生的各项费用。

1. 建设用地取得的基本方式

取得建设用地获取的是国有土地的使用权。根据我国房地产管理的相关法规规定，获取国有土地使用权的基本方式有两种：一是出让方式，二是划拨方式。

（1）通过出让方式获取国有土地使用权。国有土地使用权出让，是指将国有土地一定年限内的使用权出让给土地使用者，由土地使用者向国家支付国有土地使用权出让金的行为。

通过出让方式获取国有土地使用权又可以分成两种具体方式：一是通过招标、拍卖、挂牌等竞争出让方式获取，二是通过协议出让方式获取。

（2）通过划拨方式获取国有土地使用权。通过划拨方式获取国有土地使用权需要支付土地征用及迁移补偿费。国有土地使用权划拨有着严格的规定，须经县级以上人民政府依法批准。国有土地使用权划拨，是指在土地使用者缴纳补偿、安置等费用后将该幅土地交付其使用，或者将国有土地使用权无偿交付给土地使用者使用的行为。

依法以划拨方式取得国有土地使用权的，除法律、行政法规另有规定外，没有使用期限的限制。因企业改制、国有土地使用权转让或者改变土地用途的，应当实行有偿使用。

按照国家相关规定，工业（包括仓储用地，但不包括采矿用地）、商业、旅游、娱乐和商品住宅等各类经营性用地，必须以招标、拍卖或者挂牌方式出让。上述规定以外用途的国有土地的供地计划公布后，同一幅土地有两个以上意向用地者的，也应当采用招标、拍卖或者挂牌方式出让。

除按照法律、法规和规章的规定应当采取招标、拍卖或者挂牌方式外，可采取协议方式。以协议方式出让国有土地使用权的出让金不得低于按国家规定所确定的最低价，协议出让底价不得低于拟出让地块所在区域的协议出让最低价。

2. 建设用地取得的费用支出

通过行政划拨方式取得建设用地，须承担征地补偿费用或对原用地单位或个人的拆迁补偿费用；通过市场机制取得建设用地，除以上费用支出，还须向土地所有者支付有偿使用费，即国有土地使用权出让金。

（1）征地补偿费用。征地补偿费用由以下几个部分构成。

①土地补偿费。土地补偿费是对农村集体经济组织因土地被征用而造成的经济损失的一种补偿。征用耕地的补偿费为该耕地被征前 3 年平均年产值的 6～10 倍，土地补偿费归农村集体经济组织所有。征用其他土地的补偿费标准，由省、自治区、直辖市参照征用耕地的补偿费标准规定。

②青苗补偿费和地上附着物补偿费。青苗补偿费是对因征地时正在生长的农作物受到的损害作出的一种赔偿。农民自行承包土地的青苗补偿费应付给其本人，属于集体种植的青苗补偿费可纳入当年集体收益。地上附着物是指房屋、水井、树木、涵洞、桥梁、公路、水利设施、林木等地面建筑物、构筑物、附着物等。如果地上附着物的产权属于个人，则该项补偿费付给个人。地上附着物的补偿费标准由省、自治区、直辖市规定。

③安置补助费。安置补助费应支付给被征地单位和安置劳动力的单位，作为劳动力安置与培训的支出，以及作为不能就业人员的生活补助。征收耕地的安置补助费按照需要安置的农业人口数计算。农业人口的安置补助费标准，为该耕地被征收前 3 年平均年产值的 4～6 倍，最高不得超过该耕地被征收前 3 年平均年产值的 15 倍。土地补偿费和安置补助费尚不能使需要安置的农民保持原有生活水平的，经省、自治区、直辖市人民政府批准，可增加安置补助费。土地补偿费和安置补助费的总和不得超过耕地被征收前 3 年平均年产值的 30 倍。

④新菜地开发建设基金。新菜地开发建设基金是指征用城市郊区商品菜地时支付的费用。这项费用交给地方财政，作为开发建设新菜地的投资。菜地是指城市郊区为供应城市居民蔬菜、鱼、虾等，连续 3 年以上常年种菜或者养殖鱼、虾等的商品菜地和精养鱼塘。征用尚未开发的规划菜地，不缴纳新菜地开发建设基金。在蔬菜和鱼、虾等产销放开后，能够满足供应，不再需要开发新菜地的市，不收取新菜地开发建设基金。

⑤耕地占用税。耕地占用税是对占用耕地建房或者从事其他非农业建设的单位和个人征收的一种税收。征收耕地占用税的目的是合理利用土地资源、节约用地，保护农用耕地。占用耕地，以及园地、菜地及其他农业用地建房或者从事其他非农业建设用地，均按实际占用的面积和规定的税额一次性征收耕地占用税。耕地是指用于种植农作物的土地，占用前 3 年曾用于种植农作物的土地也视为占用耕地。

⑥土地管理费。土地管理费主要作为征地工作中所发生的办公费用、会议费用、培训费用、宣传费用、差旅费用、借用人员工资等必要的费用。土地管理费的收取标准，一般是在土地补偿费、青苗补偿费、地上附着物补偿费、安置补助费四项费用之和的基础上提取 2%～4%。如果是征地包干，则应在四项费用之和后再加上粮食价差、副食补贴、不可预见费等费用，在此基础上提取 2%～4%作为土地管理费。

（2）拆迁补偿费用。在城市规划区内的国有土地上实施房屋拆迁，拆迁人应当补偿、安置被拆迁人。

①拆迁补偿。拆迁补偿可以实行货币补偿，也可以实行房屋产权调换。货币补偿的金额根据被拆迁房屋的区位、用途、建筑面积等因素，以房地产市场评估价格确定，具体办法由省、自治区、直辖市人民政府制定。

②搬迁补助费、提前搬家奖励费和临时安置补助费。拆迁人应当向被拆迁人或者房屋承租人支付搬迁补助费；对于在规定的搬迁期限届满前搬迁的，拆迁人可以付给被拆迁人或者房屋承租人提前搬家奖励费。在过渡期限内，被拆迁人或者房屋承租人自行安排住处的，拆迁人应当支付临时安置补助费；被拆迁人或者房屋承租人使用拆迁人提供的周转房的，拆迁人不支付临时安置补助费。搬迁补助费和临时安置补助费的标准，由省、自治区、直辖市人民政府规定。

（3）国有土地使用权出让金。国有土地使用权出让金为用地单位向国家支付的国有土地所有权收益，国有土地使用权出让金标准参考所在城市基准地价并结合其他因素制定。基准地价由市土地管理局会同市物价局、市国有资产管理局、市房地产管理局等部门综合平衡后报市级人民政府审定通过。它在城市土地综合定级的基础上，用某一地价或地价幅度表示某一类别用地在某一土地级别范围的地价，以此作为国有土地使用权出让金的基础。

3.3.2 与项目建设有关的其他费用

1. 建设管理费

建设管理费是指建设单位为组织完成工程项目建设，在建设期内发生的各类管理性费用。建设管理费的内容如下。

（1）建设单位管理费。建设单位管理费是指建设单位发生的管理性质的开支。

建设单位管理费的内容包括工作人员工资、工资性补贴、施工现场津贴、职工福利费、住房基金、基本养老保险费、基本医疗保险费、失业保险费、工伤保险费、办公费、差旅交通费、劳动保护费、工具用具使用费、固定资产使用费、必要的办公及生活用品购置费、必要的通信设备及交通工具购置费、零星固定资产购置费、招募生产工人费、技术图书资料费、业务招待费、设计审查费、工程招标费、合同契约公证费、法律顾问费、咨询费、完工清理费、竣工验收费、印花税和其他管理性质开支。

建设单位管理费的计算按照工程费用（包括设备及工器具购置费和建筑安装工程费）乘以建设单位管理费费率计算。建设单位管理费费率按照建设项目的不同性质、不同规模确定，不同省、直辖市、地区应根据各地情况计取建设单位管理费。

（2）工程监理费。工程监理费是指工程监理机构接受委托，提供建设工程施工阶段的质量、进度、费用控制管理，安全生产监督管理，合同、信息等方面协调管理等服务收取的费用。

2. 可行性研究费

可行性研究费是指在工程项目投资决策阶段，根据调研报告对有关建设方案、技术方案或生产经营方案进行技术经济论证，以及编制、评审可行性研究报告所需的费用。

3. 研究试验费

研究试验费是指为建设项目提供或验证设计数据、资料等进行必要的研究试验及按照相关规定在建设过程中必须进行试验、验证所需的费用。它包括自行或委托其他部门研究试验所需的人工费、材料费、试验设备及仪器使用费等。在计算研究试验费时，要注意不应包括以下项目。

（1）应由科技三项费用（新产品试制费、中间试验费和重要科学研究补助费）开支的项目。

（2）应在建筑安装工程费中列支的施工企业对建筑材料、构件和建筑物进行一般鉴定、检查所发生的费用及技术革新的研究试验费。

（3）应在勘察设计费或工程费用中开支的项目。

4. 勘察设计费

勘察设计费是指对工程项目进行工程水文地质勘察、工程设计所发生的费用。它包括工程勘察费、初步设计费（基础设计费）、施工图设计费（详细设计费）、设计模型制作费。

5. 环境影响评价费

环境影响评价费是指按照《中华人民共和国环境保护法》《中华人民共和国环境影响评价法》等规定，在工程项目投资决策过程中，对其进行环境污染或影响评价所需的费用。它包括编制环境影响报告书和环境影响报告表以及对上述文件进行评估等所需的费用。

6. 劳动安全卫生评价费

劳动安全卫生评价费是指按照相关规定，在工程项目投资决策过程中，编制劳动安全卫生评价报告所需的费用。它包括编制建设项目劳动安全卫生预评价大纲和劳动安全卫生预评价报告书以及为编制上述文件进行工程分析和环境现状调查等所需的费用。

7. 场地准备费和临时设施费

场地准备费是指为使工程项目的建设场地达到开工条件，由建设单位组织进行的场地平整等准备工作而发生的费用。如果存在建设场地的大型土石方工程，则大型土石方工程费用应计入工程费用中的总图运输费用中。

临时设施费是指建设单位为满足工程项目建设、生活、办公的需要，用于临时设施建设、维修、租赁、使用所发生或摊销的费用。场地准备及临时设施应尽量与永久工程统一考虑。此项临时设施费不包括已列入建筑安装工程费中的施工单位临时设施费。

新建建设项目的场地准备费和临时设施费应根据实际工程量估算，或按工程费用的比例计算。改扩建建设项目一般只计拆除清理费。

8. 引进技术和引进设备其他费

引进技术和引进设备其他费是指引进技术和设备发生的但未计入设备购置费中的费用。它包括：引进项目图纸资料翻译复制费、备品备件测绘费；出国人员费用，包括买方人员出国设计联络、出国考察、联合设计、监造、培训等所发生的差旅交通费、生活费等；来华人员费用，包括卖方来华工程技术人员的现场办公费用、往返现场交通费用、接待费用等；银行担保及承诺费（引进项目由国内外金融机构出面承担风险和责任担保所发生的费用，以及支付给贷款机构的承诺费用）。

9. 工程保险费

工程保险费是指为转移工程项目建设的意外风险，在建设期内对建筑工程、安装工程、机械设备和人身安全进行投保而发生的费用。它包括建筑安装工程一切险、引进设备财产保险和人身意外伤害保险等。

10. 特殊设备安全监督检验费

特殊设备安全监督检验费是指安全监察部门对在施工现场组装的锅炉及压力容器、压力管道、消防设备、燃气设备、电梯等特殊设备和设施实施安全检验收取的费用。此项费用按照建设项目所在省自治区、直辖市安全监察部门的规定标准计算。

11. 市政公用设施费

市政公用设施费是指使用市政公用设施的建设项目，按照项目所在地省级人民政府有关规定缴纳的市政公用设施建设配套费用，以及绿化工程补偿费。此项费用按项目所在地人民政府规定标准计列。

3.3.3 与未来生产经营有关的其他费用

1. 联合试运转费

联合试运转费是指对于新建或新增加生产能力的工程项目，在交付生产前按照设计文件规定的工程质量标准和技术要求，对整个生产线或装置进行负荷联合试运转所发生的费用净支出，即试运转支出大于试运转收入的差额部分费用。试运转支出包括试运转所需原材料的费用、燃料及动力消耗费用、低值易耗品费用、其他物料消耗费用、工具用具使用费、机械使用费、保险金、施工单位参加试运转人员的工资以及专家指导费等；试运转收入包括试运转期间的产品销售收入和其他收入。联合试运转费不包括应由设备安装工程费用开支的调试和试车费用，以及在试运转中因施工原因或设备缺陷等发生的处理费用。

2. 专利及专有技术使用费

专利及专有技术使用费的主要内容包括：国外设计及技术资料费，引进有效专利、专有技术使用费和技术保密费，国内有效专利、专有技术使用费，商标权、商誉和特许经营权费等。

3. 生产准备及开办费

生产准备及开办费是指在建设期内，建设单位为保证项目正常生产而发生的人员培训费、提前进场费以及投产使用必备的办公、生活家具用具及工器具等的购置费用。生产准备及开办费的计算可以按设计定员为基数计算或采用综合的生产准备费指标进行计算。

3.4 预备费、建设期利息

3.4.1 预备费

按我国现行规定，预备费包括基本预备费和价差预备费。

1. 基本预备费

基本预备费是指针对项目实施过程中可能发生难以预料的支出而事先预留的费用，又称"工程建设不可预见费"，主要指设计变更及施工过程中可能增加工程量的费用。基本预备费一般由以下四部分构成。

（1）在批准的初步设计范围内，技术设计、施工图设计及施工过程中所增加的工程费用；设计变更、工程变更、材料代用、局部地基处理等增加的费用。

（2）一般自然灾害造成的损失和预防自然灾害所采取的措施费用。实行工程保险的工程项目，该费用应适当降低。

（3）竣工验收时，为鉴定工程质量对隐蔽工程进行必要的挖掘和修复费用。

（4）超规超限设备运输增加的费用。

基本预备费是按设备及工器具购置费、建筑安装工程费和工程建设其他费用三者之和为计取基数，乘以基本预备费率进行计算，其计算公式见式（3.49）。

$$\text{基本预备费} = \begin{pmatrix} \text{设备及工器具购置费} + \text{建筑安装工程费} + \\ \text{工程建设其他费用} \end{pmatrix} \times \text{基本预备费率} \qquad (3.49)$$

基本预备费率的大小，应根据建设项目的设计阶段和具体的设计深度，以及在估算中所采用的各项估算指标与设计内容的贴近度、项目所属行业主管部门的具体规定确定。

2. 价差预备费

价差预备费是指建设项目在建设期间内由于价格等变化引起工程造价变化的预测预留费用。费用内容包括：人工、设备、材料、施工机械的价差费，建筑安装工程费，工程建设其他费用调整，利率、汇率、调整等增加的费用。

价差预备费用的估算，应根据国家或行业主管部门的具体规定和发布的指数计算。按估算年份价格水平的投资额为基数，分别计算各年投资价差，然后加总，其计算公式见式（3.50）。

$$PF = \sum_{t=0}^{n} I_t \left[(1+f)^m (1+f)^{0.5} (1+f)^{t-1} - 1 \right] \qquad (3.50)$$

式中，PF 为价差预备费；n 为建设期（年）；I_t 为建设期中第 t 年投入的工程费用；f 为年涨价率（%）；m 为建设前期年限（从编制估算到开工建设，单位：年）；t 为年数。

3.4.2 建设期利息

建设期利息主要是指在建设期内发生的为工程项目筹措资金的融资费用及债务资金利息。

当总贷款是分年均衡发放时，建设期利息的计算可按当年借款在年中支用考虑，即当年贷款按半年计息，上年贷款按全年计息。

各年应计利息计算公式见式（3.51）。

$$q_j = \left(P_{j-1} + \frac{1}{2}A_j\right) \times i \tag{3.51}$$

式中，q_j 为建设期第 j 年应计利息；P_{j-1} 为建设期第 $j-1$ 年末贷款累计金额与利息累计金额之和；A_j 为建设期第 j 年贷款；i 为贷款实际年利率。

贷款利息合计计算公式见式（3.52）。

$$Q = \sum_{j=1}^{n} q_j \tag{3.52}$$

式中，Q 为建设期贷款利息合计；n 为建设期年份数；j 为年数。

国外贷款利息的计算中，还应包括国外贷款银行根据贷款协议向贷款方以年利率的方式收取的手续费、管理费、承诺费，以及国内代理机构经国家主管部门批准的以年利率的方式向贷款单位收取的转贷费、担保费、管理费等。

4 建设项目投资决策阶段造价控制

决策是在充分考虑各种可能的前提下,基于对客观规律的认识,对未来实践的方向、目标原则和方法作出决定的过程。投资决策是在实施投资活动之前,对投资的各种可行性方案进行分析和对比,从而确定成本低、效益好、质量高、回收期短的最优方案的过程。

4.1 建设项目可行性研究

4.1.1 可行性研究的阶段划分

可行性研究是指建设项目在投资决策前,对与拟建项目有关的社会、经济、技术等各方面进行深入细致的调查研究,对各种可能拟定的技术方案和建设方案进行认真的技术经济分析和比较论证,对项目建成后的经济效益进行科学的预测和评价。对于投资额较大、建设周期较长、内外协作较多的建设工程,可行性研究的程度较深,研究工作期限也较长。

根据可行性研究目的、要求和内容不同,可行性研究工作分为四个阶段,即投资机会研究阶段、初步可行性研究阶段、详细可行性研究阶段、评价和决策阶段。

1. 投资机会研究阶段

投资机会研究阶段的主要任务是提出建设项目投资方向建议,解决是否满足社会需求以及有没有可以开展项目的基本条件两个方面的问题。在一个确定的地区和部门内,根据自然资源、市场需求、国家产业政策和国际贸易情况,通过调查、预测和分析研究,选择建设项目,寻找投资的有利机会。

投资机会研究阶段主要依据估计和经验判断估算投资额和生产成本,因此精确程度较粗略。此阶段的精确度误差大约控制在±30%。大中型项目的投资机会研究所需时间为1~3个月,所需费用占投资总额的0.2%~1%。

2. 初步可行性研究阶段

对于投资规模大、技术工艺较复杂的大中型骨干项目,在项目建议书被国家计划部门批准后,需要先进行初步可行性研究。初步可行性研究也被称为"预可行性研究",是在投资机会研究的基础上进行的,是正式的详细可行性研究的预备性研究阶段。此阶段对选定的投资项目进行初步技术经济评价,确定项目是否需要进行更深入的详细可行性研究、哪些关键问题(如市场考察、厂址选择、生产规模研究、设备选择方案等)需要进行辅助性专题研究这两个方面的问题。

初步可行性研究阶段对建设投资和生产成本的估算精度一般要求控制在±20%左

右，研究时间为 4～6 个月，所需费用占投资总额的 0.25%～1.5%。

3. 详细可行性研究阶段

详细可行性研究又被称为"技术经济可行性研究"。详细可行性研究阶段对项目进行深入细致的技术经济分析，减小项目的不确定性。本阶段主要解决生产技术、原料和投入等技术问题，以及投资费用和生产成本的估算、投资收益、贷款偿还能力等问题。该阶段进行多方案优选，提出结论性意见，最终提出项目建设方案，为项目决策提供技术、经济、社会、商业方面的评价依据，为项目的具体实施提供科学依据，是可行性研究报告的重要组成部分。

这一阶段的内容比较详尽，所花费的时间和精力都比较大。建设投资和生产成本计算精度控制在 ±10% 以内。大型项目研究工作所花费的时间为 8～12 个月，所需费用占投资总额的 0.2%～1%。中小型项目研究工作所花费的时间为 4～6 个月，所需费用占投资总额的 1%～3%。

4. 评价和决策阶段

评价和决策是由投资决策部门组织和授权有关咨询公司或专家，代表项目业主和出资人对建设项目可行性研究报告进行全面的审核和再评价。项目评价和决策是在可行性研究报告基础上进行的，通过全面审核可行性研究报告中反映的各项情况是否属实，分析各项指标计算是否正确，从企业、国家和社会等方面综合分析和判断工程项目的经济效益和社会效益，分析判断项目可行性研究的可行性、真实性和客观性，确定项目最佳投资方案，作出最终的投资决策，写出项目评估报告。这项工作是可行性研究的最终结论，也是投资部门决策的基础。

可行性研究工作的四个阶段，研究内容由浅到深，项目投资和成本估算的精度要求由粗到细逐步提高，工作量由小到大，因而研究工作所需时间也逐渐增加。这种循序渐进的工作程序符合建设项目调查研究的客观规律，在任何一个阶段只要得出"不可行"的结论，便不再进行下一步研究。

4.1.2 可行性研究的主要内容

建设项目可行性研究的主要内容是对投资项目进行四个方面的可行性和必要性研究，即市场研究、技术研究、经济研究和环保生态研究。

（1）市场研究。借助市场研究，论证项目拟建的必要性、拟建规模、建造地区和建造地点、需要多少投资、资金如何筹措等。

（2）技术研究。选定拟建规模、确定投资额和融资方案后，应选择技术、工艺和设备。选择的原则是：尽量立足于国内技术和国产设备，必要时考虑引进技术和进口设备；采用中等适用的工艺技术还是先进可行的工艺技术取决于项目的具体需要、资金状况等条件。

（3）经济研究。经济研究是可行性研究的核心内容，通过经济研究论证拟建项目经济上的盈利性、合理性以及对国民经济可持续发展的可行性。经济上的盈利性与合理性应根据具体的经济评价指标来分析。

（4）环保生态研究。国内外一些已建大中型项目在环保生态方面的失误，有些造成了不可挽回的生态损失，给人类敲响了警钟。从整体系统论分析的观点来看，目前亟须重视和认真开展环保生态研究。

基于以上四个方面的可行性研究类别，梳理其对应的分析方向，见表4.1。

表4.1 可行性研究类别与分析方向

序号	研究类别	分析方向
1	市场研究	建设必要性
		建设规模
		建设地点
		资金需求与筹措
2	技术研究	技术方案
		工艺方案
		设备方案
3	经济研究	投资效益
		投资合理性
		可持续发展
4	环保生态研究	可能的污染情形
		污染防治措施
		文明施工要求
		环境风险评估

4.1.3 可行性研究报告的编制

1. 编制程序

首先，建设单位提出项目建议书和初步可行性研究报告；其次，项目业主、承办单位委托有资格的单位进行可行性研究；最后，咨询或设计单位进行可行性研究工作，编制完整的可行性研究报告。

2. 编制依据

（1）项目建议书（初步可行性报告）及其批复文件。

（2）国家和地方的经济和社会发展规划以及行业部门发展规划。

（3）国家有关法律、法规、政策。

（4）对于大中型骨干项目，必须具有国家批准的资源报告、国土开发整治规划、区域规划、江河流域规划、工业基地规划等有关文件。

（5）有关机构发布的工程建设方面的标准、规范、定额。

（6）中外合资、合作项目各方签订的协议书或意向书。

（7）编制可行性研究报告的委托合同书。

（8）经国家统一颁布的有关项目评价的基本参数和指标。

（9）有关的基础数据。

3. 编制要求

（1）编制单位必须具备承担可行性研究的条件。报告质量取决于编制单位的资质和编写人员的素质。报告内容涉及面广，且有一定深度要求。因此，编制单位必须具有经国家有关部门审批登记的资质等级证明，有承担编制可行性研究报告的能力和经验。研究人员应具有所从事专业的中级专业职称，并具有相关的知识、技能和工作经历。

（2）确保可行性研究报告的真实性和科学性。报告是投资者进行项目最终决策的重要依据。为保证可行性研究报告的质量，编制单位和人员应切实做好编制前的准备工作，应有大量的、准确的、可用的信息资料，进行科学的分析比较论证。编制单位和人员应遵照事物的客观经济规律和科学研究工作的客观规律办事，坚持独立、客观、公正、科学、可靠的原则，按客观实际情况实事求是地进行技术经济论证、技术方案比较和评价，对提供的可行性研究报告质量应负完全责任。

（3）可行性研究的深度要规范化和标准化。报告内容要完整、文件要齐全、数据要准确、论据要充分、结论要明确，能满足决策者确定方案的要求。

可行性研究报告编制完成后，应由编制单位的行政、技术、经济方面的负责人签字，并对研究报告质量负责。另外，还需把可行性研究报告上报主管部门审批。

4.2　建设项目投资估算

4.2.1　投资估算的编制

投资估算是在投资决策阶段，以方案设计或可行性研究文件为依据，按照规定的程序、方法和依据，对拟建项目所需总投资及其构成进行的预测和估计；它是在研究并确定项目的建设规模、产品方案、技术方案、工艺技术、设备方案、厂址方案、工程建设方案以及项目进度计划等的基础上，依据特定的方法，估算项目从筹建、施工直至建成投产所需全部建设资金总额并测算建设期各年资金使用计划的过程。投资估算的成果文件被称作"投资估算书"，简称"投资估算"。投资估算是项目建议书或可行性研究报告的重要组成部分，是项目决策的重要依据之一。

1. 投资估算的编制依据

投资估算的编制依据是指在编制投资估算时需要使用的计量、价格确定、工程计价有关参数、率值确定的一切基础资料。投资估算的编制依据主要有以下几个方面。

（1）国家、行业和地方政府的有关规定。

（2）工程勘察与设计文件，图示计量或有关专业提供的主要工程量和主要设备清单。

（3）行业部门、项目所在地工程造价管理机构或行业协会等编制的投资估算指标、概算指标（定额）、工程建设其他费用定额（规定）、综合单价、价格指数和有关造价文件等。

（4）类似工程的各种技术经济指标和参数。

（5）工程所在地同期的工、料、机的市场价格，建筑、工艺及附属设备的市场价格和有关费用。

（6）政府有关部门、金融机构等部门发布的价格指数、利率、汇率、税率等有关参数。

（7）与建设项目相关的工程地质资料、设计文件、图样等。

（8）委托人提供的其他技术经济资料，如项目建议书、可行性研究报告、政府批文等。

在编制投资估算时，上述资料越具体、越完备，编制的投资估算就越准确、越全面。投资估算编制时，除应符合国家法律、行政法规及有关强制性文件的规定外，尚应遵循《建设项目投资估算编审规程》（CECA/GC 1—2015）的规定。

2. 投资估算的内容

根据《建设项目投资估算编审规程》（CECA/GC 1—2015）的规定，按照编制估算的工程对象划分，投资估算包括整个项目的投资估算、单项工程投资估算、单位工程投资估算或分部分项工程投资估算等。投资估算文件一般由封面、签署页、编制说明、投资估算分析、总投资估算、单项工程投资估算、工程建设其他费用估算、主要技术经济指标等内容组成。

（1）投资估算编制说明。投资估算编制说明一般包括以下内容。

①工程概况。

②编制范围。说明建设项目总投资估算中包含的和不包含的工程项目和费用，当有几个单位共同编制时，应说明分工编制的情况。

③编制方法。

④编制依据。

⑤主要技术经济指标。它包括投资、用地和主要材料用量指标。当设计规模有远期、近期的不同考虑，或者土建与安装的规模不同时，应分别计算再综合。

⑥有关参数、率值的选定。如土地拆迁、供电供水、考察咨询等费用的费率标准选用情况。

⑦特殊问题的说明。特殊问题的说明包括采用新技术、新材料、新设备、新工艺；必须说明价格的确定过程；进口材料、设备、技术费用的构成与计算参数；采用特殊结构的费用估算方法；安全、节能、环保、消防等专项投资占总投资的比重；建设项目总投资中未计算项目或费用的必要说明等。

⑧采用限额设计的工程，还应对投资限额和投资分解进一步说明。

⑨采用方案比选的工程，还应对方案比选的估算和经济指标进一步说明。

⑩资金筹措方式。

（2）投资估算分析。投资估算分析应包括以下内容。

①工程投资比例分析。

②建筑工程费、设备及工器具购置费、安装工程费、工程建设其他费用、预备费占建设项目总投资比例分析、引进设备费用占全部设备费用的比例分析等。

③分析影响投资的主要因素。

④与类似工程项目的比较，对投资总额进行分析。

（3）总投资估算。总投资估算包括固定资产投资、流动资金，如图 4.1 所示。

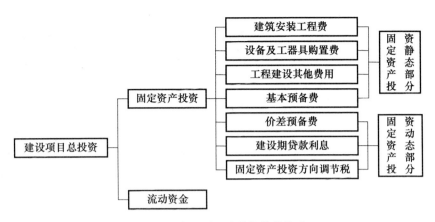

图 4.1 建设项目总投资估算构成

（4）单项工程投资估算。单项工程投资估算中，应按建设项目划分的各个单项工程分别计算组成工程费用的建筑工程费、设备及工器具购置费和安装工程费。

（5）工程建设其他费用估算。工程建设其他费用估算应按预期将要发生的工程建设其他费用种类，逐项详细估算其费用金额。

此外，工程造价人员应根据项目特点，计算并分析整个建设项目、各个单项工程和主要单位工程的主要技术经济指标。

3.投资估算的编制步骤

根据投资的不同阶段，投资估算主要包括项目建议书阶段的投资估算及可行性研究阶段的投资估算。可行性研究阶段的投资估算编制一般包含静态投资部分、动态投资部分与流动资金估算三部分，主要包括以下步骤。

（1）分别估算各单项工程所需建筑安装工程费、设备及工器具购置费，在汇总各个单项工程费用的基础上，估算工程建设其他费用和基本预备费，完成工程项目静态投资部分的估算。

（2）在静态投资部分估算的基础上，估算价差预备费、建设期贷款利息、固定资产投资方向调节税，完成工程项目动态投资部分的估算。

（3）估算流动资金。

（4）估算建设项目总投资。

4.2.2 投资估算方法

1.静态投资部分估算方法

不同阶段的投资估算，其编制方法和允许误差都是不同的。在项目规划和项目建议书阶段，投资估算的精度低，可采取简单的匡算法，如单位生产能力估算法、生产能力指数法、因子估算法、比例估算法等；在可行性研究阶段，尤其是详细可行性研究阶段，投资估算精度要求高，需采用相对详细的投资估算方法，如指标估算法。

（1）单位生产能力估算法。依据调查的统计资料，利用相近规模的单位生产能力投资乘以建设规模，即得拟建项目投资。其计算公式见式（4.1）。

$$C_2 = \left(\frac{C_1}{Q_1}\right) Q_2 f \tag{4.1}$$

式中，C_2 为拟建项目的静态投资额；C_1 为已建类似项目的静态投资额；Q_1 为已建类似项目的生产能力；Q_2 为拟建项目的生产能力；f 为不同时期、不同地点的定额、单价、费用变更等的综合调整系数。

使用这种方法时，要注意拟建项目的生产能力和类似项目的可比性，否则误差很大。由于在实际工作中不易找到与拟建项目完全类似的项目，通常把项目按其下属的车间、设施和装置进行分解，分别套用类似车间、设施和装置的单位生产能力投资指标计算，然后加总求得项目建设投资额。也可根据拟建项目的规模和建设条件，适当调整投资后估算项目的投资额。

这种方法把项目建设投资与其生产能力的关系视为简单的线性关系，估算结果精确度较差。其主要用于新建项目和装置的估算，简便迅速，但要求估价人员掌握足够的典型工程的历史数据，这些数据均应与单位生产能力的造价有关方可应用，而且必须是新建装置与所选取的历史资料相类似，仅存在规模大小和时间上的差异。

（2）生产能力指数法。生产能力指数法又被称为"指数估算法"，是根据已建成的类似项目生产能力和投资额来粗略估算拟建项目投资额的方法，是对单位生产能力估算法的改进。其计算公式见式（4.2）。

$$C_2 = C_1 \left(\frac{Q_2}{Q_1}\right)^x f \tag{4.2}$$

式中，x 为生产能力指数；其他符号含义同前。

式（4.2）表明造价与规模成非线性关系，且单位造价随工程规模的增大而减小。在正常情况下，$0 \leqslant x \leqslant 1$。在不同生产率水平的国家和不同性质的项目中，$x$ 的取值是不同的。比如，美国的化工项目取 $x = 0.6$，英国取 $x = 0.66$，日本取 $x = 0.7$。

若已建类似项目的生产规模与拟建项目生产规模相差不大，Q_1 与 Q_2 的比值为 $0.5 \sim 2$，则 x 的取值近似为 1。若已建类似项目的生产规模与拟建项目生产规模相差不大于 50 倍，且拟建项目生产规模的扩大仅靠扩大设备规模来达到，则 x 的取值为 $0.6 \sim 0.7$；若靠增加相同规格设备的数量达到时，则 x 的取值为 $0.8 \sim 0.9$。

生产能力指数法主要应用于拟建装置或项目与用来参考的已知装置或项目的规模不同的场合。生产能力指数法与单位生产能力估算法相比精确度略高，其误差可控制在 $\pm 20\%$ 以内。尽管估价误差仍较大，但它有独特的优点，即这种估价方法不需要详细的工程设计资料，只需知道工艺流程和规模即可。

（3）因子估算法。因子估算法是以拟建项目的主体工程费或主要设备费为基数，以其他工程费与主体工程费的百分比为系数估算项目总投资的方法。这种方法简单易行，但是精确度较低，一般用于项目建议书阶段。因子估算法的种类很多，在我国常用的方法有设备系数法和主体专业系数法。

①设备系数法。这种方法以拟建项目的设备费为基数，根据已建同类项目的建筑安装工程费和其他工程费等与设备价值的百分比，求出拟建项目建筑安装工程费和其他工程费，进而求出建设项目总投资。其计算公式见式（4.3）。

$$C = E(1 + f_1 P_1 + f_2 P_2 + \cdots + f_n P_n) + I \tag{4.3}$$

式中，C 为拟建项目的投资额；E 为拟建项目的设备费；P_1，P_2，$\cdots$，P_n 为已建项目的建筑安装工程费和其他工程费等与设备费的百分比；f_1，f_2，…，f_n为由于时间因素引起的定额、价格、费用标准等变化的综合调整系数；I为拟建项目的其他费用。

②主体专业系数法。这种方法以拟建项目中投资比重较大且与生产能力直接相关的工艺设备投资为基数，根据已建同类项目的有关统计资料，计算出拟建项目中各专业工程费与工艺设备投资的百分比，据以求出拟建项目各专业投资，汇总即为项目总投资。其计算公式见式（4.4）。

$$C=E（1+f_1P'_1+f_2P'_2+\cdots+f_nP'_n）+I \tag{4.4}$$

式中，P'_1，P'_2，…，P'_n为已建项目中各专业工程费与工艺设备投资的百分比；其他符号含义同前。

（4）比例估算法。比例估算法是根据统计资料，先求出已有同类企业的主要设备投资占已建项目投资的比例，再估算出拟建项目的主要设备投资，即可按比例求出拟建项目的建设投资。其计算公式见式（4.5）。

$$I=\frac{1}{K}\sum_{i=1}^{n}Q_iP_i \tag{4.5}$$

式中，I为拟建项目的建设投资；K为已建项目的主要设备投资占已建项目投资的比例；n为设备种类数；Q_i为第i种设备的数量；P_i为第i种设备的单价（到厂价格）。

（5）指标估算法。指标估算法是把建设项目划分为建筑工程费用、设备及工器具购置费及其他基本建设费等费用项目或单位工程，再根据各种具体的投资估算指标，进行各项费用项目或单位工程投资的估算，在此基础上汇总成每一单项工程的投资，另外再估算工程建设其他费用及预备费，即求得建设项目总投资。

①建筑工程费用估算。建筑工程费用是指为建造永久性建筑物和构筑物所需要的费用。一般采用单位建筑工程投资估算法、单位实物工程量投资估算法、概算指标投资估算法等进行估算。

a. 单位建筑工程投资估算法。以单位建筑工程量投资乘以建筑工程总量计算。这种方法还可细分为单位价格估算法、单位面积价格估算法和单位容积价格估算法。

b. 单位实物工程量投资估算法。以单位实物工程量的投资乘以实物工程总量计算。例如，土石方工程按立方米投资，矿井巷道衬砌工程按每延米投资，路面铺设工程按每平方米投资，再乘以相应的实物工程总量计算建筑安装工程费。

c. 概算指标投资估算法。没有上述估算指标且建筑工程费占总投资比例较大的项目，可采用概算指标估算法。采用此种方法，应有较为详细的工程资料、建筑材料价格和工程费用指标，投入的时间和工作量大。

②设备及工器具购置费估算。设备及工器具购置费由设备购置费、工器具购置费、现场制作非标准设备费、生产家具购置费和相应的运杂费等组成。其估算根据项目主要设备表及价格、费用资料编制，工器具购置费按设备费的一定比例计取。价值高的设备应按单台（套）估算购置费，价值较小的设备可按类估算。国内设备和进口设备应分别估算。设备购置费由设备原价和设备运杂费构成。

③安装工程费估算。安装工程费通常按行业或专门机构发布的安装工程定额、取费标准和指标估算。具体可按安装费率、每吨设备安装费或单位安装实物工程量的费用估算，见式（4.6）～式（4.8）。

$$安装工程费＝设备原价×安装费率 \tag{4.6}$$

$$安装工程费＝设备吨位×每吨设备安装费 \tag{4.7}$$

$$安装工程费＝安装工程实物量×安装费用指标 \tag{4.8}$$

④工程建设其他费用估算。工程建设其他费用按各项费用科目的费率或者取费标准估算。

⑤基本预备费估算。基本预备费在工程费用和工程建设其他费用的基础之上乘以基本预备费率。

值得注意的是：在使用指标估算法时，应根据不同的年代、地区调整。因为年代、地区不同，设备与材料的价格均有差异。调整时，可以将主要材料消耗量作为计算依据，也可以按不同工程项目的"万元工料消耗定额"而定不同的系数。在有关部门颁布定额或材料价差系数（物价指数）时，可以据其调整。总之，使用指标估算法进行投资估算绝不能生搬硬套，必须对工艺流程、定额、价格及费用标准进行分析，经过实事求是的调整与换算后，才能提高其精确度。

2. 动态投资部分估算方法

动态投资部分主要包括价差预备费、建设期贷款利息、固定资产投资方向调节税，如果是涉外项目，还应该计算汇率的影响。动态投资部分的估算应以基准年静态投资的资金使用计划为基础，而不是以编制的年静态投资为基础。

价差预备费的计算方式同"3.4.1预备费"中的"2.价差预备费"。

建设期贷款利息的计算方式同"3.4.2建设期利息"。

3. 流动资金估算方法

流动资金是指生产经营性项目投产后，为进行正常生产运营，用于购买原材料、燃料，支付工资及其他经营费用等所需的周转资金。企业只有具有一定数量的可以自由支配的流动资金，才能维持正常的生产和经营活动，才能增强承担风险和处理意外损失的能力。流动资金的特点是在生产和流通过程中不断地由一种形态转化为另一种形态，它的价值在产品销售后一次性得到补偿。

铺底流动资金是保证项目投产后能正常生产经营所需要的最基本的周转资金数额，是流动资金的一部分，一般为项目投产后所需流动资金的30％。

流动资金估算一般采用分项详细估算法，个别情况或者小型项目可采用扩大指标估算法。

（1）分项详细估算法。流动资金的显著特点是在生产过程中不断周转，其周转额与生产规模及周转速度直接相关。分项详细估算法是根据周转额和周转速度之间的关系，对构成流动资金的各项流动资产和流动负债分别进行估算。在以往的项目评价中，为简化计算，仅对存货、现金、应收账款和应付账款四项内容进行估算。根据第三版《建设项目经济评价方法与参数》，估算内容增加了预付账款和预收账款两项内容。相应的计算公式见式（4.9）～式（4.12）。

$$流动资金＝流动资产－流动负债 \tag{4.9}$$

$$流动资产＝应收账款＋预付账款＋存货＋资金 \tag{4.10}$$

$$流动负债＝应付账款＋预收账款 \tag{4.11}$$

$$流动资金本年增加额＝本年流动资金－上年流动资金 \tag{4.12}$$

估算的具体步骤：首先计算各类流动资产和流动负债的年周转次数，然后分项估算占用资金额。

（2）扩大指标估算法。扩大指标估算法是根据现有同类企业的实际资料，求得各种流动资金率指标，也可根据行业或部门给定的参考值或经验确定比率，将各类流动资金率乘以相对应的费用基数来估算流动资金。一般常用的基数有销售收入、经营成本、总成本费用和固定资产投资、年产量等，采用何种基数依行业习惯而定。扩大指标估算法简便易行，但准确度不高，适用于项目建议书阶段的估算。用扩大指标估算法计算流动资金有四种方法，计算公式见式（4.13）～式（4.16）。

$$年流动资金额＝年费用基数×经营成本（总成本）流动资金率 \qquad (4.13)$$

$$年流动资金额＝年产值×产值流动资金率 \qquad (4.14)$$

$$年流动资金额＝固定资产投资×固定资产投资资金率 \qquad (4.15)$$

$$年流动资金额＝年产量×单位产量流动资金率 \qquad (4.16)$$

其中，当采用固定资产投资资金率时，要充分考虑项目的类型。比如，化工项目的流动资金占固定资产投资的 $12\%\sim15\%$，一般工业项目的流动资金占固定资产投资的 $5\%\sim12\%$。

4. 基于现代数学理论的投资估算方法

基于现代数学理论的投资估算方法从更加全面的角度对已建工程和拟建工程之间的关系进行了表述，利用数学理论建立估算系统，全面、客观、有效地对工程造价进行估算。其代表方法主要有模糊数学估算法和基于人工神经网络的估算方法。

下面对基于现代数学理论的两种常用估算方法进行简要介绍。

（1）模糊数学估算法。模糊数学估算法在一定程度上可以理解为是对回归分析的推广，它是基于已完工程的特征，用模糊数学理论进行聚类分析确定类别。用该方法估算时，首先需要确定隶属度函数，然后根据隶属度函数及新项目特征对拟建工程进行归类，再选取同类已建工程中与其最相似的几个工程作为相似样本，建立相似样本与拟建工程的估算模型，并结合当前建筑材料、质量、市场等作出适当调整。其具体方法和步骤可描述如下。

①选定因素集 U 为 $U=(u_1, u_2, u_3, \cdots, u_i)$，其中 u_i 表示拟建工程的第 i 个特征因素。特征因素的选定仅使其要小能够概括描述该工程有代表性的特征，常取 {结构特征，基础，层数层高，建筑组合，装饰，……} 作为特征因素。

②确定各特征因素的权重。权向量 W 为 $W=(w_1, w_2, w_3, \cdots, w_i)$，其中 w_i 表示拟建工程第 i 个特征因素的权重。

③从上述 i 个特征因素入手，由已建工程资料和调研收集的典型工程资料，作出比较模式标准库，将拟建工程与已建工程进行比较。

④根据模糊数学原理，分别计算各典型工程的贴近度。贴近度的计算公式见式（4.17）～式（4.19）。

$$内积： B◎A_i = (b_1 \wedge a_{i1}) \vee \cdots \vee (b_n \wedge a_{in}) \qquad (4.17)$$

$$外积： B□A_i = (b_1 \vee a_{i1}) \wedge \cdots \wedge (b_n \vee a_{in}) \qquad (4.18)$$

$$贴近度： \alpha(B, A_i) = \frac{1}{2}[B◎A_i + (1-B□A_i)] \qquad (4.19)$$

式中，B 为拟建工程；A_i 为第 i 个典型工程；$a_{i1}, \cdots, a_{in}$ 为第 i 个典型工程第 n 个特征

因素的从属函数值；b_1，$\cdots$，b_n 为拟建工程第 n 个特征因素的从属函数值；$\bigcirc$ 为模糊数学中的内积运算符，$\square$ 为模糊数学中的外积运算符；α 为贴近度。

⑤取贴近度大的前 n 个工程，并按贴近度由大到小的顺序排列，即 $\alpha_1 > \alpha_2 > \cdots > \alpha_n$。设第 n 个工程的单位造价为 E_n，用指数平滑法计算，可得拟建工程的单方造价 E_x，计算公式见式（4.20）。

$$E_x = \lambda \left[\alpha_1 E_1 + \alpha_2 E_2 (1-\alpha_1) + \alpha_3 E_3 (1-\alpha_1)(1-\alpha_2) + \cdots + \alpha_n E_n (1-\alpha_1) \right.$$
$$(1-\alpha_2) \cdots (1-\alpha_{n-1}) + (E_1 - E_2 + \cdots + E_n)(1-\alpha_1)$$
$$\left. (1-\alpha_2) \cdots (1-\alpha_n) / n \right] \tag{4.20}$$

式中，λ 为调整系数。

由于权值是呈指数级递减的，衰减非常大，贴近度第四大的典型工程其权重已经相当小，一般忽略不计，所以一般只取最相似的 3 个典型工程。这就使预测公式大为简化，见式（4.21）。

$$\hat{e}_B = \lambda \left[\alpha_1 E_1 + (1-\alpha_1) \alpha_2 E_2 + (1-\alpha_1)(1-\alpha_2) \alpha_3 E_3 \right] +$$
$$\frac{1}{3} (1-\alpha_1)(1-\alpha_2)(E_1 + E_2 + E_3) \tag{4.21}$$

式中，$\hat{e}_B$ 为拟建工程的预测造价；λ 为调整系数（经验系数，它对估算的准确性影响很大，它的影响因素很多，与工程对象的具体情况及周围环境、施工单位的条件、施工人员的工资标准等有关系，一般取 $0.9 \sim 1.1$）；E_1，E_2，E_3 为与拟建工程最相似的 3 个典型工程的造价；α_1，α_2，α_3 为与拟建工程同最相似的 3 个典型工程的贴近度，其中 $\alpha_1 > \alpha_2 > \alpha_3$。

⑥设拟建工程的建筑面积为 A，则可计算出拟建工程的总造价，见式（4.22）。

$$C = \gamma \zeta C_x A \tag{4.22}$$

式中，C 为拟建工程的总造价；γ 为拟建工程的其他调整系数（如建设环境和政府政策的变化、建设方的特殊要求、外界不可抗力的影响等）；ζ 为拟建工程与所贴近的已建工程的价格调整系数；C_x 为所贴近的已建工程的总造价。

以上六个步骤便是工程造价模糊数学的估算方法。从上面的分析可以看出，模糊数学估算方法的优点是：准确性较好，一般可以达到 15% 以内；一旦模型建立，计算就较为简单，通用性较好。其困难在于确定工程特征向量和隶属度函数以及调整系数。这些往往需要富有经验的工程造价专业人员反复调整确定，有一定的实践应用难度。

（2）基于人工神经网络的估算方法。模糊数学估算法运用系统层次分析和模糊评价的思想，较成功地实现了对工程造价的估算。但是，由于模糊评价多采用专家评价法，主观因素干扰过大，因此，在模糊数学估算法的基础上，许多学者、专家提出了基于人工神经网络（Artificial Neural Network，ANN）的估算方法。这种方法是人工智能的一个分支，它由大量简单处理单元广泛连接而成，用以模拟人脑行为的复杂网络系统。这种方法具有自动"学习"和"记忆"功能，能够十分容易地进行知识获取工作；同时，其具有联想功能，能够在只有部分信息的情况下回忆起系统的全貌。由于其具有非线性映射的能力，可以自动逼近那些刻画最佳的样本数据内部最佳规律的函数，揭示样本数据的非线性关系，因此，基于人工神经网络的估算方法可以克服模糊数学估算法中主观因素干扰过大的缺点，特别适合对不精确和模糊信息的处理。除了用在语言识别、自动控制领域以外，也可应用在预测、评价等方面。其准确性明显优于传统回归模型，克服了回归模型外推性差的不足。

目前应用较广、比较具代表性的是无反馈网络中的多层前馈神经网络。该神经网络的学习解析式十分明确，学习算法被称为"误差反向传播算法"（误差反向传播即 Error Back Propagation，简称"BP 算法"），由 Rumelhart 和 McCelland 为首的科学家小组于1986 年提出。这种算法解决了多层前馈神经网络的学习问题，使得多层前馈网络成为当今应用最广的神经网络模型之一。BP 算法的学习过程由正向传播过程和反向传播过程组成：正向传播过程是将学习样本的输入信息输入前馈神经网络的输入层，输入层单元接收输入信号，进行权重计算，随后将信息传输到隐层，隐层神经元根据输入的信息进行激励函数转化，将转化结果输出到输出层，即得到正向传播过程中的输出结果；反向传播过程则是将网络的实际输出与期望输入相比较，如果误差不满足要求，则将误差进行反向传播，从输出层到输入层逐层求其误差，然后修改相应的权值。两个过程反复交替，直到误差收敛为止。在多层前向网络中，BP 神经网络推导过程严谨，物理概念清晰，是一种极为重要也十分常见的神经网络学习算法。

基于人工神经网络的估算方法注重对样本的学习，希望从中发现规律，类似数据挖掘和知识发现，对背景知识的必需程度要求较低，同时对知识的表示形态没有太多限制。这使得该类方法在复杂对象的建模方面具有较多优势，现在已经拥有越来越广的应用范围。其计算方法和步骤如下。

①将工程对象进行分类，按其工程划分为若干大类，按照不同的类别分别建立模型。

②在每一类别中，考虑该类工程影响造价的因素，把这些主要因素特征抽取出来，作为模型进行输入，将工程造价估算价格或者工料消耗量作为神经网络的输出。这个步骤的实现包括训练过程和应用过程。训练过程是用收集来的已完工程样本进行训练学习；应用过程是在学习完成以后，将待测工程的工程特征作为输入，神经网络的输出就是工程的估算造价。

基于人工神经网络的投资估算模型精度较高，估算技术误差基本在 12% 以内，且方法应用较为方便，通用性较强，满足工程投资估算的要求。

对上述两类投资估算方法的阐述可以看出，其共同特点在于基于样本工程和拟建工程的共性特征，通过各种方法找出这些共性特征和造价结果之间的映射关系，从而建立投资估算方法模型，应用到实际中。

4.3　建设项目经济评价

建设项目经济评价应根据国民经济和社会发展及行业、地区发展规划的要求，在建设项目初步方案的基础上，采用科学的分析方法，对拟建项目的财务可行性和经济合理性进行分析论证，为工程项目的科学决策提供经济方面的依据。建设项目经济评价包括财务评价和国民经济评价。

4.3.1 财务评价

1. 财务效益和费用的估算

财务效益和费用是财务评价的重要基础，其估算的准确性与可靠程度直接影响财务评价结论。

（1）财务效益和费用的识别和估算应注意的问题

①财务效益和费用的估算应遵守现行会计准则及税收制度规定。由于财务效益和费用的识别和估算是对未来情况的预测，经济评价中允许进行有别于财会制度的处理，但要求财务效益和费用的识别和估算在总体上与会计准则及税收制度相适应。

②财务效益和费用的估算应遵守"有无对比"的原则。在识别项目的效益和费用时，需注意只有"有无对比"的差额部分才是由于项目建设增加的效益和费用，这样才能真正体现项目投资的净效益。

③财务效益和费用的估算范围应体现效益和费用对应一致的原则，即在合理确定的项目范围内，对等地估算财务主体的直接效益及相应的直接费用，避免高估或低估项目的净效益。

④财务效益和费用的估算应根据项目性质、类别和行业特点，明确相关政策和其他依据，选取适宜的方法，进行文字说明并编制相关表格。

（2）财务效益和费用的构成。项目的财务效益与项目目标有直接的关系，项目目标不同，财务效益包含的内容也不同。

①对于市场化运作的经营性项目，项目目标是通过销售产品或提供服务实现盈利，其财务效益主要是指所获取的营业收入。对于某些国家鼓励发展的经营性项目，可以获得增值税的优惠。按照有关会计及税收制度，先征后返的增值税应记作补贴收入，作为财务效益进行核算。财务分析中，应根据国家规定的优惠范围落实是否可采用这些优惠政策。对先征后返的增值税，财务分析中可进行有别于实际的处理，不考虑"征"和"返"的时间差。

②对于以提供公共产品服务于社会或以保护环境等为目标的非经营性项目，往往没有直接的营业收入，也就没有直接的财务效益。这类项目需要政府提供补贴才能维持正常运转，应将补贴作为项目的财务收益，通过预算平衡计算所需要补贴的数额。

③对于为社会提供准公共产品或服务，且运营维护采用经营方式的项目，如市政公用设施、交通、电力等项目，其产出价格往往受到政府管制，营业收入可能基本满足或不能满足补偿成本的要求，有些需要在政府提供补贴的情况下才具有财务生存能力。因此，这类项目的财务效益包括营业收入和补贴收入。

④项目所支出的费用主要包括投资、成本费用和税金等。

（3）财务效益和费用采用的价格。财务分析应采用以市场价格体系为基础的预测价格。在建设期内，一般应考虑投入的相对价格变动及价格总水平变动。在运营期内，若能合理判断未来市场价格变动趋势，投入与产出可采用相对变动价格；若难以确定投入与产出的价格变动，一般可采用项目运营期初的价格；有要求时，也可考虑价格总水平的变动。

运营期财务效益和费用估算采用的价格，应符合下列要求：①效益和费用估算采用的价格体系应一致；②采用预测价格，有要求时可考虑价格变动因素；③对适用增值税的项目，运营期内投入和产出的估算表格可采用不含增值税价格；若采用含增值税价格，应予以说明，并调整相关表格。

（4）财务效益和费用的估算步骤。财务效益和费用的估算步骤应与财务分析步骤相匹配。在进行融资前分析时，应先估算独立于融资方案的建设投资和营业收入，然后是经营成本和流动资金。在进行融资后分析时，应先确定初步融资方案，然后估算建设期利息，进而完成固定资产原值的估算，通过还本付息计算求得运营期各年利息，最终完成总成本费用的估算。

2. 财务评价参数

财务评价参数包括计算、衡量项目的财务费用效益的各类计算参数和判定项目财务合理性的判断参数，分别包括以下参数项。

（1）基准收益率。财务基准收益率系指工程项目财务评价中对可货币化的项目费用和效益采用折现方法计算财务净现值的基准折现率，是衡量项目财务内部收益率的基准值，是项目财务可行性和方案比选的主要判据。财务基准收益率反映投资者对相应项目占用资金的时间价值的判断，应是投资者在相应项目上最低可接受的财务收益率。

财务基准收益率的测定应符合下列规定。

①在政府投资项目以及按政府要求进行经济评价的建设项目中，应根据政府的政策导向确定行业财务基准收益率。

②项目产出物（或服务）价格由政府进行控制和干预的项目，需要结合国家在一定时期的发展战略、发展规划、产业政策、投资管理规定、社会经济发展水平和公众承受能力等因素，权衡效率与公平、局部与整体、当前与未来、受益群体与受损群体等得失利弊，区分不同行业投资项目的实际情况，结合政府资源、宏观调控意图、履行政府职能等因素综合测定行业财务基准收益率。

③在企业投资等其他各类建设项目的经济评价中，应在分析一定时期内国家和行业发展战略、发展规划、产业政策、资源供给、市场需求、资金时间价值、项目目标等情况的基础上，结合行业特点、行业资本构成情况等因素综合测定行业财务基准收益率。

④对境外投资项目，应考虑国家风险因素测定财务基准收益率。

⑤投资者自行测定项目，应充分考虑项目资源的稀缺性、进出口情况、建设周期长短、市场变化速度、竞争情况、技术寿命、资金来源等，并根据自身的发展战略和经营策略、具体项目特点与风险、资金成本、机会成本等因素综合测定最低可接受财务基准收益率。

国家行政主管部门统一测定并发布的行业财务基准收益率，在政府投资项目以及按政府要求进行经济评价的建设项目中必须采用；在企业投资等其他各类建设项目的经济评价中可参考选用。

（2）计算期。计算期包括建设期和运营期。建设期应参照项目建设的合理工期或项目的建设进度计划合理确定；运营期应根据项目特点，参照项目的合理经济寿命确定。计算现金流的时间单位一般采用年，也可采用其他常用的时间单位。

（3）财务评价判断参数。财务评价判断参数主要包括下列判断项目盈利能力的参数和判断项目偿债能力的参数。

①判断项目盈利能力的参数主要包括财务内部收益率、总投资收益率、项目资本金净利润率（收益部分净利润率，下同）等指标的基准值或参考值。

②判断项目偿债能力的参数主要包括利息备付率、偿债备付率、资产负债率、流动比率、速动比率等指标的基准值或参考值。

国家有关部门（行业）发布的供项目财务分析使用的总投资收益率、项目资本金净利润率、利息备付率、偿债备付率、资产负债率、项目计算期、折旧年限、有关费率等指标的基准值或参考值，在各类建设项目经济评价中可参考选用。

3. 财务分析

财务分析应在项目财务效益与费用估算的基础上进行。对于经营性项目，财务分析应通过编制财务分析报表，计算财务指标，分析项目的盈利能力、偿债能力和财务生存能力，判断项目的财务可接受性，明确项目对财务主体及投资者的价值贡献，为项目决策提供依据。对于非经营性项目，财务分析应主要分析项目的财务生存能力。

（1）经营性项目财务分析。财务分析可分为融资前分析和融资后分析，宜先进行融资前分析，在融资前分析结论满足要求的情况下，初步设定融资方案，再进行融资后分析。在项目建议书阶段，可只进行融资前分析。融资前分析应以动态分析（考虑资金的时间价值）为主，静态分析（不考虑资金的时间价值）为辅。

①融资前分析。融资前分析应以营业收入、建设投资、经营成本和流动资金的估算为基础，考察整个计算期内现金流入和现金流出，编制项目投资现金流量表，利用资金时间价值的原理进行折现，计算项目投资内部收益率和净现值等指标。融资前分析排除了融资方案变化的影响，从项目投资总获利能力的角度，考察项目方案设计的合理性。融资前分析计算的相关指标，应作为初步投资决策与融资方案研究的依据和基础。

根据分析角度的不同，融资前分析可选择计算所得税前指标和（或）所得税后指标。融资前分析也可计算静态投资回收期（P_0）指标，用以反映收回项目投资所需要的时间。

②融资后分析。融资后分析应以融资前分析和初步的融资方案为基础，考察项目在拟定融资条件下的盈利能力、偿债能力和财务生存能力，判断项目方案在融资条件下的可行性。融资后分析用于比选融资方案，帮助投资者作出融资决策。

融资后的盈利能力分析应包括动态分析和静态分析。

a. 动态分析。动态分析包括两个层次。第一层次为项目资本金现金流量分析，应在拟定的融资方案下，从项目资本金出资者整体的角度，确定其现金流入和现金流出，编制项目资本金现金流量表，利用资金时间价值的原理进行折现，计算项目资本金财务内部收益率指标，考察项目资本金可获得的收益水平；第二层次为投资各方现金流量分析，应从投资各方实际收入和支出的角度，确定其现金流入和现金流出，分别编制投资各方现金流量表，计算投资各方的财务内部收益率指标，考察投资各方可能获得的收益水平。当投资各方不按股本比例进行分配或有其他不对等的收益时，可选择进行投资各方现金流量分析。

b. 静态分析。静态分析系指不采取折现方式处理数据，依据利润与利润分配表计算项目资本金净利润率和总投资收益率指标。静态盈利能力分析可根据项目的具体情况选做。

盈利能力分析的主要指标包括项目投资财务内部收益率和财务净现值、项目资本金财务内部收益率、投资回收期、总投资收益率、项目资本金净利润率等，可根据项目的特点及财务分析的目的、要求等选用。

财务生存能力分析，应在财务分析辅助表和利润与利润分配表的基础上编制财务计划现金流量表，通过考察项目计算期内的投资、融资和经营活动所产生的各项现金流入和流出，计算净现金流量和累计盈余资金，分析项目是否有足够的净现金流量维持正常运营，以实现财务可持续性。财务可持续性应首先体现在有足够大的经营活动净现金流量，其次各年累计盈余资金不应出现负值。若出现负值，应进行短期借款，同时分析该短期借款的年份长短和数额大小，进一步判断项目的财务生存能力。短期借款应体现在财务计划现金流量表中，其利息应计入财务费用。为维持项目正常运营，还应分析短期借款的可靠性。

（2）非经营性项目财务分析。对于非经营性项目，财务分析可按下列要求进行。

①对没有营业收入的项目，不进行盈利能力分析，主要考察项目财务生存能力。此类项目通常需要政府长期补贴才能维持运营，应合理估算项目运营期各年所需的政府补贴数额，并分析政府补贴的可能性与支付能力。对有债务资金的项目，还应结合借款偿还要求进行财务生存能力分析。

②对有营业收入的项目，财务分析应根据收入抵补支出的程度区别对待。收入补偿费用的顺序应为：补偿人工、材料等生产经营耗费，缴纳流转税，偿还借款利息，计提折旧和偿还借款本金。有营业收入的非经营性项目可分为下列两类。

a. 营业收入在补偿生产经营耗费、缴纳流转税、偿还借款利息、计提折旧和偿还借款本金后尚有盈余，表明项目在财务上有盈利能力和生存能力，其财务分析方法与一般项目基本相同。

b. 对一定时期内收入不足以补偿全部成本费用，但通过在运行期内逐步提高价格（收费）水平，可实现其设定的补偿生产经营耗费、缴纳流转税、偿还借款利息、计提折旧和偿还借款本金的目标，并预期在中、长期产生盈余的项目，可只进行偿债能力分析和财务生存能力分析。由于项目运营前期需要政府在一定时期内给予补贴，以维持运营，因此，应估算各年所需的政府补贴数额，并分析政府在一定时期内可能提供财政补贴的能力。

4. 基本财务报表的编制

（1）资产负债表。资产负债表是指综合反映项目计算期各年年末资产、负债和所有者权益的增减变化以及对应关系的一种报表，见表4.2。

表 4.2　资产负债表 　　　　　　（单位：万元）

序号	项目	计算期					
		1	2	3	4	…	n
1	资产						
1.1	流动资产总额						
1.1.1	货币资金						

续表

序号	项目	计算期					
		1	2	3	4	...	n
1.1.2	应收账款						
1.1.3	预付账款						
1.1.4	存货						
1.1.5	其他						
1.2	在建工程						
1.3	固定资产净值						
1.4	无形及其他资产净值						
2	负债及所有者权益						
2.1	流动负债总额						
2.1.1	短期借款						
2.1.2	应付账款						
2.1.3	预收账款						
2.1.4	其他						
2.2	建设投资借款						
2.3	流动资金借款						
2.4	负债小计（2.1＋2.2＋2.3）						
2.5	所有者权益						
2.5.1	资本金						
2.5.2	资本公积						
2.5.3	累积盈余公积						
2.5.4	累积未分配利润						

计算指标：
资产负债率（%）

注：1，2，3，…，n 为计算期年序。

资产负债表中，负债包括流动负债总额、建设投资借款、流动资金借款。其中，流动负债总额是指企业在一年内需要偿还或支付的所有短期债务的总和。这些短期债务通常包括短期借款、应付账款、预收账款、其他等。建设投资借款指项目建设期用于固定资产方面的期限在 1 年以上的银行借款、抵押贷款和向其他单位的借款。流动资金借款是指从银行或其他金融机构借入的短期贷款。

资产负债表分析可以提供四个方面的财务信息：项目所拥有的经济资源，项目所负担的债务，项目的债务清偿能力以及项目所有者所享有的权益。

（2）利润与利润分配表。利润与利润分配表是反映项目计算期内各年的营业收入、总成本费用、利润总额、所得税及税后利润分配情况的重要财务报表，见表 4.3。

表 4.3　利润与利润分配表　　　　　　（单位：万元）

序号	项目	合计	计算期					
			1	2	3	4	…	n
1	营业收入							
2	营业税金及附加							
3	总成本费用							
4	补贴收入							
5	利润总额（1－2－3＋4）							
6	弥补以前年度亏损							
7	应纳税所得额（5－6）							
8	所得税							
9	净利润（5－8）							
10	期初未分配利润							
11	可供分配利润（9＋10）							
12	提取法定盈余公积金							
13	可供投资者分配利润（11－12）							
14	应付优先股股利							
15	提取任意盈余公积金							
16	应付普通股股利（13－14－15）							
17	各投资方利润分配							
18	未分配利润（13－14－15－17）							
19	息税前利润（利润总额＋利息支出）							
20	息税折旧摊销前利润 （息税前利润总额＋折旧＋摊销）							

所得税后利润的分配按照下列顺序进行：①提取法定盈余公积金；②向投资者分配优先股股利；③提取任意盈余公积金；④向各投资方分配利润，即应付普通股股利；⑤未分配利润，指的是由可供分配利润扣除以上各项应付利润后的余额。

（3）现金流量表

①项目投资现金流量表。项目投资现金流量表是从项目投资总获利能力角度，考察项目方案设计的合理性，见表 4.4 所示。

表 4.4　项目投资现金流量表　　　　　　（单位：万元）

序号	项目	合计	计算期					
			1	2	3	4	…	n
1	现金流入							
1.1	营业收入							
1.2	补贴收入							
1.3	回收固定资产余值							

续表

序号	项目	合计	计算期					
			1	2	3	4	…	n
1.4	回收流动资金							
2	现金流出							
2.1	建设投资							
2.2	流动资金							
2.3	经营成本							
2.4	营业税金及附加							
2.5	维持运营投资							
3	所得税前净现金流量（1－2）							
4	累积所得税前净现金流量调整所得税							
5	调整所得税							
6	所得税后净现金流量（3－5）							
7	累积所得税后净现金流量							

计算指标：
项目投资财务内部收益率（%）（所得税前）
项目投资财务内部收益率（%）（所得税后）
项目投资财务净现值（所得税前）（%）
项目投资财务净现值（所得税后）（%）
项目投资回收期/年（所得税前）
项目投资回收期/年（所得税后）

②项目资本金现金流量表。资本金现金流量表是在投资金额的基础上，以项目投资方的观点考虑问题，将本金偿还和利息支付视作现金流出，从而评判项目的内部收益率。该指标可以反映项目投资的盈利能力，见表4.5。

表 4.5　项目资本金现金流量表　　　　　　　　（单位：万元）

序号	项目	合计	计算期					
			1	2	3	4	…	n
1	现金流入							
1.1	营业收入							
1.2	补贴收入							
1.3	回收固定资产余值							
1.4	回收流动资金							
2	现金流出							
2.1	项目资本金							
2.2	借款本金偿还							
2.3	借款利息支付							
2.4	经营成本							
2.5	营业税金及附加							

续表

序号	项目	合计	计算期					
			1	2	3	4	…	n
2.6	所得税							
2.7	维持运营投资							
3	净现金流量（1－2）							

计算指标：
资本金财务内部收益率（%）

③投资各方现金流量表。投资各方现金流量表主要考察投资各方的投资收益水平，投资各方通过计算投资各方财务内部收益率，分析项目融资后投资各方投入资本的盈利能力，见表4.6。

表 4.6　投资各方现金流量表　　　　　　　　（单位：万元）

序号	项目	合计	计算期					
			1	2	3	4	…	n
1	现金流入							
1.1	实分利润							
1.2	资产处置收益分配							
1.3	租赁费收入							
1.4	技术转让或使用收入							
1.5	其他现金流入							
2	现金流出							
2.1	实缴资本							
2.2	租赁资产支出							
2.3	其他现金流出							
3	净现金流量（1－2）							

计算指标：
投资各方财务内部收益率（%）

4.3.2　国民经济评价

国民经济是从宏观上决定工程项目是否可行的重要依据。项目的国民经济评价是将建设项目置于整个国民经济系统之中，站在国家的角度，考察和研究项目的建设与投产给国民经济带来的净贡献和净消耗。不仅要分析项目本身所产生的直接效果，而且要分析项目建设所引起的有关行业和企业所产生的经济效果（间接效果）。

项目的国民经济评价，按照资源合理配置的原则，从整个国民经济大系统出发，站在国家和社会的立场上考察项目的效益和费用，用影子价格、影子工资、影子汇率和社会折现率等经济参数，从国民经济整体角度考察项目所耗费的社会资源和对社会的贡献，评价项目的经济合理性。

1. 国民经济评价原理

国家规定要进行国民经济评价的项目有：①涉及国民经济若干部门的重大工业项目和重大技术改造项目；②影响国计民生的重大项目；③有关稀缺资源开发和利用的项目；④涉及产品或原材料进口或替代进口项目以及产品和原材料价格明显失真的项目；⑤技术引进、中外合资经营项目。上述项目除了进行财务评价外，还必须进行详细的国民经济评价。

国民经济评价的主要经济指标是国民经济增长目标，使项目投资所取得的国民收入净增量最大化，因而将国民经济盈利能力作为衡量项目经济可行性的基本内容，同时考察项目外汇效果和承受风险能力。除经济增长目标外，在国民经济评价中还要考察社会效果评价目标。

2. 国民经济评价的范围和内容

国民经济评价是一项比较复杂的工作，根据目前我国的实际条件，只能对某些在国民经济建设中有重要作用和影响的重大项目开展国民经济评价工作。

（1）基础设施项目和公益性项目。由于外部经济性的存在，企业财务评价不可能将项目产生的效果全部反映出来。尤其是公路、市政工程等项目，外部效果非常显著，必须采用国民经济评价将外部效果内部化。

（2）市场价格不能真实反映价值的项目。由于某些资源的市场不存在或不完善，这些资源的价格为零或很低，因而往往被过度使用。另外，由于国内尚未形成统一市场，或国内市场未与国际市场接轨，失真的价格会使项目的收支状况变得过于乐观或悲观。因而有必要通过影子价格对失真的价格进行修正。

（3）资源开发项目。涉及自然资源保护、生态环境保护的项目，必须通过国民经济评价客观选择社会对资源使用的时机。如国家控制的战略性资源开发项目、动用社会资源和自然资源较大的中外合资项目等。

（4）涉及国家经济安全和受过度行政干预的项目也应做国民经济评价。

3. 国民经济评价的费用和效益

（1）识别费用和效益的原则

①基本原则。国民经济分析以实现社会资源的最优配置从而使国民收入最大化为目标，凡是增加国民收入的就是国民经济效益，凡是减少国民收入的就是国民经济费用。

②边界原则。财务分析从项目自身的利益出发，其系统分析的边界是项目。凡是流入项目的资金，就是财务效益，如销售收入；凡是流出项目的资金，就是财务费用，如投资支出、经营成本和税金。国民经济分析则从国民经济的整体利益出发，其系统分析的边界是整个国家。国民经济分析不仅要识别项目自身的内部效果，而且要识别项目对国民经济其他部门和单位产生的外部效果。

③资源变动原则。在计算财务收益和费用时，依据的是货币的变动。凡是流入项目的货币就是直接效益，凡是流出项目的货币就是直接费用。由于经济资源的稀缺性，意味着一个项目的资源投入会减少这些资源在国民经济其他方面的可用量，从而减少了其他方面的国民收入，从这种意义上说，该项目对资源的使用产生了国民经济费用。同理，我们说项目的产出是国民经济收益，是由于项目的产出能够增加社会资源——最终

产品的缘故。因此不难理解，在考察国民经济费用和效益的过程中，我们的依据不是货币，而是社会资源真实的变动量。凡是减少社会资源的项目投入都产生国民经济费用，凡是增加社会资源的项目产出都产生国民经济收益。

（2）直接效益与直接费用——内部效果。建设工程的国民经济效益是指项目对国民经济所做的贡献，分为直接效益和间接效益。项目的国民经济费用是指国民经济为项目付出的代价，分为直接费用和间接费用。

直接效益是项目产出物直接生成，并在项目范围内计算的经济效益。一般具体表现为以下特点：①增加项目产出物或者服务的数量以满足国内需求的效益；②替代效益较低的相同或类似企业的产出物或者服务，使被替代企业减产（停产）从而减少国家有用资源耗费或者损失的效益；③增加出口或者减少进口从而增加或者节支的外汇等。

直接费用是项目使用投入物所形成，并在项目范围内计算的费用。一般具体表现为以下特点：①其他部门为本项目提供投入物，需要扩大生产规模所耗费的资源费用；②减少对其他项目或者最终消费投入物的供应而放弃的效益；③增加进口或者减少出口从而耗用或者减少的外汇等。

（3）间接效益与间接费用——外部效果。外部效果是指项目对国民经济作出的贡献与国民经济为项目付出的代价中，在直接效益与直接费用中未得到反映的那部分效益（间接效益）与费用（间接费用）。

为防止外部效果计算扩大化，项目的外部效果一般只计算一次性相关效果，不应连续计算。外部效果应包括产业关联效果、环境和生态效果、技术扩散效果等。

（4）转移支付。项目的某些财务收益和支出，从国民经济的角度看，并没有造成资源的实际增加或者减少，而是国民经济内部的"转移支付"，不计作项目的国民经济的效益与费用。转移支付主要包括税金、补贴、国内贷款的还本付息、国外贷款的还本付息等内容。

4. 国民经济评价指标及效益费用流量表

项目投资对国民经济贡献的评价，目的是合理利用和分配有限资源，使之能够创造出尽可能多的满足社会经济发展需要和国民经济持续增长要求的物质财富。因此，对国民经济贡献的分析指标仍然主要是在投资效益与成本费用比较分析的基础上设定。分析指标包括以下三种。

（1）经济利润比率分析指标。经济利润比率分析是分析项目投资在达到设计生产能力的基础上，计算期内投资的经济净效益流量与投资比率，以考察项目的盈利能力和风险承担能力。主要指标有投资净效益或投资净效益率。为避免项目在投资寿命期各年份间可能出现的净效益流量相差悬殊的问题，需要设计年均净效益流量的计算指标。投资净效益对比的基础是社会收益率。社会收益率一般等于社会平均的资本利润率。经济利润比率分析指标是运用静态的宏观经济分析方法分析和评价项目的经济效益。

该指标是在考察项目投资对国民经济所做的净贡献的一个横向评价指标，是在项目初选决策阶段的一个重要评价指标，所考察的是正常生产期内的任一年份的经济盈利水平和盈利能力。

（2）国民经济效益费用分析指标。国民经济效益费用分析主要是通过计算和分析项目投资在计算期内国民经济效益费用流量，考察项目对国民经济的净贡献。主要分析指标有经济净现值、经济净现值率和经济内部收益率。这些指标是运用动态的宏观经济分析方法分析和评价项目的经济效益。

（3）经济外汇效果分析指标。经济外汇效果分析是通过分析项目投资在计算期内各年份的经济外汇流入和流出情况，考察和分析项目的创汇能力，并以此来评价项目对国民经济的影响。主要分析指标有经济外汇净现值、经济换汇成本和经济节汇成本等。它既有动态经济分析，也有静态经济分析。

上述这些反映经济效益的指标从不同方面考察了项目对国民经济的贡献，它们与企业经济效益考察指标基本是对应的，其评定依据是项目的宏观经济效益与微观经济效益的一致性。项目的可行性决策，首先要符合国家整体经济利益，要有利于国民经济总体发展目标的实现，在此基础上尽可能使企业的效益实现最大化。

5. 国民经济效益费用流量表

国民经济效益费用流量表有两种：一是项目国民经济效益费用流量表；二是国内投资国民经济效益费用流量表。一般在项目财务评价基础上调整编制，有些项目也可以直接编制。

在财务评价基础上编制国民经济效益费用流量表应注意以下问题。

（1）剔除转移支付，即将财务现金流量表中列支的销售税金及附加、所得税、特种基金、国内借款利息作为转移支付剔除。

（2）计算外部效益与外部费用，并保持效益费用计算口径的统一。

（3）用影子价格、影子汇率逐项调整建设投资中的各项费用，剔除涨价预备费、税金、国内借款建设期利息等转移支付项目。进口设备购置费通常要剔除进口关税、增值税等转移支付。建筑安装工程费按材料费、劳动力的影子价格调整；土地费用按土地影子价格调整。

（4）应收、应付账款及现金并没有实际耗用国民经济资源，在国民经济评价中应将其从流动资金中剔除。

（5）用影子价格调整各项经营费用，对主要原材料、燃料及动力费，用影子价格调整；对劳动工资及福利费，用影子工资调整。

（6）用影子价格调整计算项目产出物的销售收入。

（7）国民经济评价各项销售收入和费用支出中的外汇部分，应用影子汇率调整，计算外汇价值。从国外引入的资金和向国外支付的投资收益、贷款本息，也应用影子汇率调整。

6. 国民经济评价参数

国民经济评价参数是国民经济评价的基础。正确理解和使用评价参数，对正确计算费用、效益和评价指标，以及比选优化方案具有重要作用。国民经济评价参数体系有两类：一类是通用参数，如社会折现率、影子汇率和影子工资等，这些通用参数由有关专门机构组织测算和发布；另一类是货物影子价格等一般参数，由行业或者项目评价人员测定。

（1）社会折现率。社会折现率是用以衡量资金时间价值的重要参数，代表社会资金被占用应获得的最低收益率，并用作不同年份价值换算的折现率，可作为经济内部收益率的判别标准。根据对我国国民经济运行的实际情况、投资收益水平、资金供求情况、资金机会成本以及国家宏观调控等因素综合分析。

（2）影子汇率。影子汇率是指能正确反映外汇真实价值的汇率。在国民经济评价中，影子汇率通过影子汇率换算系数计算，影子汇率换算系数是影子汇率与国家外汇牌价的比值。工程项目投入物和产出物涉及进出口的，应采用影子汇率换算系数计算影子汇率。

（3）影子工资。影子工资一般通过影子工资换算系数计算。影子工资换算系数是影子工资与项目财务评价中劳动力的工资和福利费的比值。

（4）影子价格。影子价格，又称"最优计划价格"或"计算价格"。影子价格反映了社会经济处于某种最优状态下的资源稀缺程度和对最终产品的需求情况，有利于资源的最优配置。货物影子价格的计算涉及不同类型的货物，包括外贸货物、非外贸货物、项目产出物、项目投入物。

7. 财务评价和国民经济评价决策结果

根据财务评价和国民经济分析的结果来判断一个工程项目的取舍，可能有以下四种情况。

（1）如果一个工程项目不仅能给企业带来可观的商业利润，而且可以明显地促进国民经济的增长，实施这样的工程项目是十分理想的投资资源配置方式，从经济角度看，该工程项目是可行的。

（2）如果一个工程项目只能给企业创造可观的商业利润，而没有增加国民经济正的净效益，甚至给国民经济带来了负效益，就违背了经济学的有效率原则，从宏观经济的角度看，该项目是不可行的，如果由政府进行决策，该项目是不能实施的。

（3）如果一个工程项目没有给企业带来理想的商业利润，但增加了国民经济正的净效益，说明现行的价格和税收政策有偏差，还没有满足有效益的原则。这种信息的反馈对政府制定政策和进行长远规划都是有帮助的，如果由政府进行决策，该项目是可以实施的，但要通过价格和税收手段给企业进行补偿，使其获得比较理想的投资回报。

（4）如果一个工程项目不但不能使企业取得比较理想的商业利润，而且没有增加国民经济正的净效益，这样的项目肯定是不可行的。

5　建设项目设计阶段造价控制

工程设计是指在建设项目开始施工之前，设计人员根据已批准的设计任务书，为具体实现拟建项目的技术、经济要求，提供建筑安装及设备制造等所需的数据、规划、设计图等技术文件的工作。工程设计是建设项目从计划变为现实具有决定性意义的工作阶段，设计文件是建筑安装施工的依据。拟建工程在建设过程中能否保证进度、保证质量和节约投资，在很大程度上取决于设计质量的优劣。工程建成后，能否获得满意的经济效果，除了项目决策之外，设计工作也起着主导性的作用。为了使建设项目达到预期的经济效果，设计工作必须按一定的程序分阶段进行。

5.1　设计方案优选

5.1.1　设计方案优选原则

由于设计方案的经济效果不仅取决于技术条件，而且受不同地区的自然条件和社会条件的影响，所以设计方案优选时，须结合当时当地的实际条件，选取功能完善、技术先进、经济合理的最佳设计方案。设计方案优选应遵循以下原则。

（1）设计方案必须处理好经济合理性与技术先进性之间的关系。经济合理性要求工程造价尽可能低，如果一味地追求经济效果，可能会导致项目的功能水平偏低，无法满足使用者的要求；技术先进性追求技术的尽善尽美，但如果项目功能水平先进，很可能导致工程造价偏高。因此，技术先进性与经济合理性是一对矛盾的主体，设计者应妥善处理好两者的关系。一般在满足使用者要求的前提下尽可能降低工程造价。如果资金有限制，也可以在资金限制范围内尽可能提高项目功能水平。

（2）设计方案必须兼顾建设与使用并考虑项目全寿命费用。工程项目在建设过程中，控制造价是一个非常重要的目标。造价水平的变化会影响项目将来的使用成本。如果单纯降低造价，建造质量得不到保障，会导致使用过程中的维修费用很高，甚至有可能发生重大事故，给社会财产和人民安全带来严重损害。一般情况下，项目功能水平与工程造价及使用成本之间的关系如图 5.1 所示。在设计过程中应兼顾建设过程和使用过程，力求项目全寿命费用最低。

（3）设计时必须兼顾近期与远期的要求。一项工程项目建成后，往往会在很长的时间内发挥作用。如果按照目前的要求设计工程，

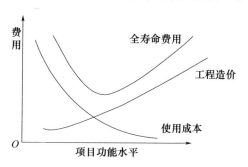

图 5.1　工程造价、使用成本与项目功能水平之间的关系

在不远的将来，可能出现由于项目功能水平无法满足需要而重新建造的情况；但是如果按照未来的需要设计工程，又会出现由于功能水平过高而资源闲置浪费的现象，所以设计者要兼顾近期和远期的要求，选择合理的功能水平。

5.1.2 限额设计

限额设计是指按照批准的可行性研究报告中的投资限额进行初步设计、按照批准的初步设计概算进行施工图设计、按照施工图预算造价编制施工图设计中各个专业设计文件的过程。

限额设计中，工程使用功能不能减少，技术标准不能降低，工程规模也不能削减。因此，限额设计需要在投资额度不变的情况下，实现使用功能和建设规模的最大化。限额设计是工程造价控制系统中的一个重要环节，是设计阶段进行技术经济分析，实施工程造价控制的一项重要措施。限额设计包含两个方面的内容：一是项目的下一阶段按照上一阶段的投资或者造价限额达到设计技术要求；二是项目局部按照设定投资或者造价限额达到设计技术要求。实行限额设计的有效途径和主要方法是投资分解和工程量控制。

1. 限额设计的目标与内容

限额设计目标是在初步设计开始前，根据批准的可行性研究报告及其投资估算而确定的。限额设计的目标设定应与项目规模、技术发展、环保卫生、建设标准相适应。限额设计指标一般由项目经理或项目总设计师提出，经设计主管院长审批。其总额度一般只下达直接工程费的 90%，项目经理或总设计师留有一定的调节指标，限额指标用完后，必须经批准才能调整。专业之间或专业内部节约下来的单项费用未经批准不能相互调用。

限额设计在不同实施阶段的主要内容如下。

（1）投资决策阶段。投资决策阶段是限额设计的关键。对政府工程而言，投资决策阶段的可行性研究报告是政府部门核准投资总额的主要依据，批准的投资总额则是进行限额设计的主要依据。为此，应在多方案技术经济分析和评价后确定最终方案，提高投资估算的准确度，合理确定设计限额目标。

（2）初步设计阶段。初步设计阶段需要依据最终确定的可行性研究方案和投资估算，按照专业分解影响投资的因素，并将规定的投资限额下达给各专业设计人员。设计人员应用价值工程的基本原理，通过多方案技术经济比选，创造出价值较高、技术经济性较为合理的初步设计方案，并将设计概算控制在批准的投资估算内。

（3）施工图设计阶段。施工图是设计单位的最终成果文件，要按照批准的初步设计方案进行限额设计，施工图预算需控制在批准的设计概算范围内。

2. 限额设计目标的实现

在进行限额设计时，应按照之前确定的限额设计总目标来分解，确定各专业设计的分解限额设计指标，以此实现设计阶段的造价控制。

要实现限额设计的目标，除了分解完成目标，还需要对设计进行优化。优化设计是以系统工程理论为基础，应用现代数学方法对工程设计方案、设备选型、参数匹配、效益分析等方面进行最优化的设计，它是控制投资的重要措施。在进行优化设计时，必须根据问题的性质选择不同的优化方法。一般来说，对于一些确定性问题，如投资、时间、资源等有关条件已确定的，可采用线性规划、非线性规划、动态规划等理论和方法优化；对于一些非确定性问题，可以采用排队论、对策论等方法优化；对于涉及流量的问题，可以采用网络理论优化。

优化设计的一般步骤如下：首先，分析设计对象综合数据，建立设计目标；其次，根据设计对象数据特征选择优化方法，建立模型；再次，求解并分析结果可行性；最后，调整模型，得到满意结果。

3. 限额设计过程

限额设计的实施是建设工程造价目标的动态反馈和管理过程，可分为目标制定、目标分解、目标推进和成果评价。

(1) 目标制定。限额设计的目标包括造价目标、质量目标、速度目标、安全目标及环境目标。工程项目各目标之间既相互关联，又相互制约。因此，在分析论证限额设计目标时，应统筹兼顾，全面考虑，追求技术经济合理的最佳整体目标。

(2) 目标分解。分解工程造价目标是实行限额设计的一个有效途径和主要方法。首先，将上一阶段确定的投资额分解到设计部门的各个专业；其次，将投资限额再分解到各个单项工程、单位工程、分部工程及分项工程。在目标分解过程中，要对设计方案进行综合分析与评价；最后，将各细化的目标明确到相应的设计人员，制定明确的限额设计方案，通过层层目标分解和限额设计，实现对投资限额的有效控制。

(3) 目标推进。目标推进通常包括限额初步设计和限额施工图设计两个阶段。

①限额初步设计阶段。应严格按照分配的工程造价控制目标规划和设计方案。在初步设计开始时，将设计任务书的设计原则、建设方针和各项控制经济指标告知设计人员，对关键设备、工艺流程、总图方案、主要建设工程和各种费用指标提出技术经济方案选择，研究实现设计任务书中投资限额的可能性，特别注意对投资有较大影响的因素。在初步设计方案完成后，由工程造价管理专业人员及时编制初步设计预算，并进行初步设计方案的技术经济分析，直至满足限额要求。初步设计只有在满足各项功能要求并符合限额设计目标的情况下，才能作为下一阶段的限额目标给予批准。

②限额施工图设计阶段。设计得到的项目总造价和单项工程造价都不能超过初步设计概算造价，要将施工图预算严格控制在批准的概算以内。设计单位的最终产品是施工图设计，它是工程建设的依据。设计部门在设计施工图的过程中，要随时控制造价、调整设计，要求从设计部门发出的施工图造价严格控制在批准的概算以内。遵循各目标协调并进的原则，做到各目标之间的有机结合和统一，防止偏废其中任何一个。在施工图设计完成后，进行施工图设计的技术经济论证，分析施工图预算是否满足设计限额要求，以供设计决策者参考。

在初步设计阶段，由于外部条件的制约和人们主观认识的局限，往往会造成施工图设计阶段甚至施工过程中的局部修改和变更，这是使设计、建设更趋于完善的正常现象，由此会引起对已经确认的概算价格的变化。这种变化在一定范围内是允许的，但必须经过核算和调整。如果施工图设计变化涉及建设规模、产品方案、工艺流程或设计方案的重大变更，从而使原初步设计失去指导施工图设计的意义，必须重新编制或修改初步设计文件，并重新报原审查单位审批。对必须发生的设计变更，应尽量提前进行，以减少变更对工程项目造成更大的损失；对影响工程造价的重大设计变更，则要采取先算账后变更的办法，以使工程造价得到有效控制。

（4）成果评价。成果评价是目标管理的总结阶段。通过对设计成果的评价，总结经验和教训，作为指导和开展后续工作的主要依据。

值得指出的是：当考虑建设项目全寿命期成本时，按照限额要求设计出的方案可能不一定具有最佳的经济性，此时也可考虑突破原有限额，重新选择设计方案。

5.1.3 运用价值工程优化设计方案

1. 价值工程的内容

价值工程的目的是以研究对象的最低寿命周期成本可靠地实现使用者所需的功能，以获取最佳的综合效益。价值工程的目标是提高研究对象的价值，价值的表达公式见式（5.1）。

$$价值＝功能/成本 \qquad (5.1)$$

因此提高价值的途径有以下五种。

（1）在提高功能水平的同时，降低成本。

（2）在保持成本不变的情况下，提高功能水平。

（3）在保持功能水平不变的情况下，降低成本。

（4）成本稍有增加，功能水平大幅度提高。

（5）功能水平稍有下降，成本大幅度下降。

价值工程是一项有组织的管理活动，涉及面广，研究过程复杂，必须按照一定的程序进行。其工作程序如下。

（1）对象选择。在这一步应明确研究目标、限制条件及分析范围。

（2）组成价值工程领导小组，并制订工作计划。

（3）收集与研究对象相关的信息资料。此项工作应贯穿于价值工程的全过程。

（4）功能系统分析。这是价值工程的核心，通过功能系统分析，应明确功能特性要求，弄清研究对象各项功能之间的关系，调整功能间的占比，使研究对象功能结构更合理。

（5）功能评价。分析研究对象各项功能与成本之间的匹配度，从而明确功能改进区域及改进思路，为方案创新打下基础。

（6）方案创新及评价。在前面功能系统分析与评价的基础上，提出各种不同的方案，并从技术、经济和社会等方面综合评价各方案的优劣，选出最佳方案，将其编写为提案。

（7）由主管部门组织审批。

（8）方案实施与检查。制订实施计划、组织实施，并跟踪检查，对实施后取得的技术经济效果进行成果鉴定。

2. 价值工程在设计阶段造价控制中的运用

在项目设计中组织价值分析小组，从分析功能入手设计项目的多种方案，选出最优方案。

（1）项目设计阶段开展价值分析最为有效，因为成本降低的潜力在设计阶段。

（2）设计与施工过程的一次性比重大。建筑产品具有固定性的特点，工程项目从设计到施工是一次性的单件生产，因而耗资巨大的项目更应开展价值分析，其减小的投资更多。

（3）影响项目总费用的部门多。进行任何一项工程的价值分析，都需要组织各有关方面参加，发挥集体的智慧才能取得成效。

（4）项目设计是决定建设工程使用性质、建设标准、平面和空间布局的工作。建设工程的寿命周期越长，使用期间费用越大。所以在进行价值分析时，应按整个寿命周期来计算全部费用，既要求降低一次性投资，又要求在使用过程中减小经常性费用。

3．价值工程在新建项目设计方案优选中的应用

整个设计方案可以作为价值工程的研究对象。在设计阶段实施价值工程的步骤一般如下。

（1）功能分析。建筑功能是指建筑产品满足社会需要的各种性能的总和。不同的建筑产品有不同的使用功能，它们通过一系列建筑因素体现出来，反映建筑物的使用要求。例如：工业厂房要能满足生产一定工业产品的要求，提供适宜的生产环境，既要考虑设备布置、安装需要的场地和条件，又要考虑必需的采暖、照明、给排水、隔音消声等，以利于生产的顺利进行；建筑产品的功能一般分为社会性功能、适用性功能、技术性功能、物理性功能和美学功能五类。功能分析首先应明确项目各类功能具体有哪些，哪些是主要功能，并对功能进行定义和整理，绘制功能系统图。

（2）功能评价。功能评价主要是比较各项功能的重要程度，用0～1评分法、0～4评分法、环比评分法等方法。计算各项功能的功能评价系数，作为该功能的重要度权数。

（3）方案创新。根据功能分析的结果，提出各种实现功能的方案。

（4）方案评价。对"（3）方案创新"提出的各种方案的各项功能满足程度打分，然后以功能评价系数作为权数计算各方案的功能评价得分，最后计算各方案的价值系数，以价值系数最大者为最优。

5.2　设计概算编制与审查

5.2.1　设计概算的编制依据及要求

设计概算是指设计单位在初步设计或扩大初步设计阶段，根据设计图样及说明书、设备清单、概算定额或概算指标、各项费用取费标准、类似工程预（决）算文件等资料，用科学的方法计算和确定建筑安装工程全部建设费用的经济文件。

设计概算包括单位工程概算、单项工程综合概算、其他工程的费用概算、建设项目总概算以及编制说明等。它是由单个到综合、由局部到总体，逐个编制，层层汇总而成的。

设计概算应按建设项目的建设规模、隶属关系和审批程序报请审批。总概算按照规

定的程序经由权力机关批准后，成为国家控制该建设项目总投资额的主要依据，并不得任意突破。

1. 设计概算的编制依据

（1）国家、行业和地方有关规定。

（2）相应工程造价管理机构发布的概算定额（或指标）。

（3）工程勘察与设计文件。

（4）拟定或常规的施工组织设计和施工方案。

（5）建设项目资金筹措方案。

（6）工程所在地编制同期的人工、材料、机具台班市场价格，以及设备供应方式及供应价格。

（7）建设项目的技术复杂程度，新技术、新材料、新工艺以及专利的使用情况等。

（8）建设项目批准的相关文件、合同、协议等。

（9）政府有关部门、金融机构等发布的价格指数、利率、汇率、税率以及工程建设其他费用等。

（10）委托单位提供的其他技术经济资料。

2. 设计概算的编制要求

（1）设计概算应按编制时项目所在地的价格水平编制，总投资应完整地反映编制时建设项目实际投资。

（2）设计概算应考虑建设项目施工条件等因素对投资的影响。

（3）设计概算应按项目合理建设期限预测建设期价格水平，以及资产租赁和贷款时的时间价值等动态因素对投资的影响。

5.2.2　单位工程概算的编制

1. 概算定额法

概算定额法又被称为"扩大单价法"或"扩大结构定额法"，它是套用概算定额编制建筑工程概算的方法。初步设计必须达到一定深度，建筑结构尺寸比较明确，能按照初步设计的平面图、立面图、剖面图计算出楼地面、墙身、门窗和屋面等扩大分项工程（或扩大结构构件）项目的工程量时，方可采用概算定额法。

建设工程概算表按构成单位工程的主要分部分项工程和措施项目编制，根据初步设计工程量，按工程所在省、自治区、直辖市颁发的概算定额（指标）或行业概算定额（指标），以及工程费用定额计算。采用概算定额法编制设计概算的步骤如下。

（1）收集基础资料、熟悉设计图纸和了解有关施工条件和施工方法。

（2）按照概算定额子目，列出单位工程中分部分项工程项目名称并计算工程量。工程量计算应按概算定额中规定的工程量计算规则进行，计算时采用的原始数据必须以初步设计图纸所标识的尺寸或初步设计图纸能读出的尺寸为准，并将计算所得各分部分项工程量按概算定额编号顺序，填入工程概算表内。

（3）确定各分部分项工程费。工程量计算完毕后，逐项套用各子目的综合单价，各子目的综合单价应包括人工费、材料费、施工机具使用费、企业管理费、利润、规费和税金，然后分别将其填入单位工程概算表和综合单价表中。如遇设计图中的分项工程项目名称、内容与所用的概算定额手册中相应的项目与某些不相符时，则按规定对定额进行换算后方可套用。

（4）计算措施项目费。措施项目费的计算应分以下两部分进行：①可以计量的措施项目费与分部分项工程费的计算方法相同，其费用按照"（3）确定各分部分项工程费"的规定计算；②综合计取的措施项目费应以该单位工程的分部分项工程费和可以计量的措施项目费之和为基数乘以相应费率计算。

（5）计算汇总单位工程概算造价，其计算公式见式（5.2）。

$$单位工程概算造价＝分部分项工程费＋措施项目费 \tag{5.2}$$

2. 概算指标法

概算指标法是用拟建工程面积（或体积）乘以技术条件相同或基本相同的概算指标而得出人工、材料和施工机具费用，然后按规定计算出企业管理费、利润、规费和税金等，得出单位工程概算的方法。概算指标法适用的情况包括以下几方面。

（1）在方案设计中，由于无设计详图而只有概念性设计，或初步设计深度不够，不能准确地计算出工程量，但工程设计采用的技术比较成熟时，可以选定与该工程相似类型的概算指标编制概算。

（2）设计方案急需造价概算而又有类似工程概算指标可以利用的情况。

（3）图样设计间隔很久后才开始实施，概算造价不适用于当前情况而又急需确定造价的情形下，可按当前概算指标修正原有概算造价。

（4）通用设计图设计，可组织编制通用图设计概算指标来确定造价。

采用概算指标法编制设计概算包括以下两种情况。

（1）拟建工程结构特征与概算指标相同时的计算。在使用概算指标法时，如果拟建工程在建设地点、建筑面积、结构特征、水文地质及自然条件等方面与概算指标相同或相近，可直接套用概算指标编制概算。

（2）拟建工程结构特征与概算指标有局部差异时的调整。在实际工作中，经常会遇到拟建对象的结构特征与概算指标中规定的结构特征有局部不同的情况，因此，必须对概算指标进行调整后方可套用。

3. 类似工程预算法

类似工程预算法是利用技术条件与设计对象相类似的已完工程或在建工程的工程造价资料来编制拟建工程设计概算的方法。当拟建工程初步设计与已完工程或在建工程的设计相似而又没有可用的概算指标时，可以采用类似工程预算法。

类似工程预算法的编制步骤如下。

（1）根据设计对象的各种特征参数，选择最合适的类似工程预算。

（2）根据本地区现行的各种价格和费用标准，计算类似工程预算的人工费、材料费、施工机具使用费、企业管理费修正系数。

（3）根据类似工程预算修正系数和以上四项费用占预算成本的比重，计算预算成本总修正系数，并计算出修正后的类似工程平方米预算成本。

（4）根据类似工程修正后的平方米预算成本和编制概算工程所在地区的利税率计算

修正后的类似工程平方米造价。

（5）根据拟建工程的建筑面积和修正后的类似工程平方米造价，计算拟建工程概算造价。

（6）编制概算编写说明。

类似工程预算法对条件有所要求，也就是可比性，即拟建工程项目在面积、结构构造等方面的特征要与已建工程基本一致。采用此法时，必须对建筑结构差异和价差进行调整。

（1）结构差异的调整。结构差异调整方法与概算指标法的调整方法相同。即先确定有差别的部分，然后分别按每一项目算出结构构件的工程量和单位价格（按编制概算工程所在地区的单价），再以类似工程中相应（有差别）的结构构件的工程数量和单价为基础，算出总差价。将类似预算的人工、材料、施工机具使用费总额减去（或加上）这部分差价，得到结构差异换算后的人工、材料、施工机具使用费，再行取费，得到结构差异换算后的造价。

（2）价差调整。类似工程造价的价差调整可以采用以下两种方法。

①当类似工程造价资料有具体的人工、材料、机具台班的用量时，可按类似工程预算造价资料中的主要材料、工日、机具台班数量乘以拟建工程所在地的主要材料预算价格、人工单价、机具台班单价，计算出人工、材料、施工机具使用费，再计算企业管理费、利润、规费和税金，即可得出所需的综合。

②类似工程造价资料只有人工、材料、施工机具使用费和企业管理费等费用或费率时，可按式（5.3）、式（5.4）调整。

$$D=A \cdot K \qquad (5.3)$$

式中，D 为拟建工程成本单价；A 为类似工程成本单价；K 为成本单价综合调整系数。

$$K=a\%K_1+b\%K_2+c\%K_3+d\%K_4 \qquad (5.4)$$

式中，$a\%$、$b\%$、$c\%$、$d\%$ 为类似工程预算的人工费、材料费、施工机具使用费、企业管理费占预算成本的比重（如 $a\%$＝类似工程人工费/类似工程预算成本×100%，$b\%$、$c\%$、$d\%$类同）；K_1、K_2、K_3、K_4 为拟建工程地区与类似工程预算成本在人工费、材料费、施工机具使用费、企业管理费之间的差异系数［如 K_1 拟建工程概算的人工费（或工资标准）/类似工程预算人工费（或地区工资标准），K_2、K_3、K_4类同］。

以上综合调价系数是以类似工程中各成本构成项目占总成本的百分比为权重，按照加权的方式计算成本单价的调价系数，根据类似工程预算提供的资料，也可按照同样的计算方法算出人、材、机费的综合调整系数，通过系数调整类似工程的工料单价，再按照相应取费基数和费率计算间接费、利润和税金，也可得出所需的综合单价。总之，以上方法应灵活运用。

4. 单位设备及安装工程概算编制方法

单位设备及安装工程概算包括设备及工、器具购置费概算和设备安装工程费概算两大部分。

（1）设备及工、器具购置费概算。根据初步设计的设备清单计算出设备原价，并汇总求出设备总原价，然后按有关规定的设备运杂费费率乘以设备总原价，两项相加再考虑工、器具及生产家具购置费即为设备及工、器具购置费概算。设备及工、器具购置费概算的编制依据包括设备清单、工艺流程图，以及各部、省、自治区、直辖市规定的现行设备价格和运费标准、费用标准。

（2）设备安装工程费概算。其主要编制方法如下，应根据初步设计深度和要求所明确的程度来选择。

①预算单价法。当初步设计较深，有详细的设备清单时，可直接按安装工程预算定额单价编制安装工程概算，概算编制程序与安装工程施工图预算程序基本相同。该法的优点是计算比较具体，精确性较高。

②扩大单价法。当初步设计深度不够，设备清单不完整，只有主体设备或仅有成套设备质量时，可采用主体设备、成套设备的综合扩大安装单价来编制概算。

③设备价值百分比法，又被叫作"安装设备百分比法"。当初步设计深度不够，只有设备出厂价而无详细规格、质量时，安装费可按占设备费的百分比计算。其百分比值（安装费费率）由相关管理部门制定或由设计单位根据已完类似工程确定。该法常被用于价格波动不大的定型产品和通用设备产品，其计算公式见式（5.5）。

$$设备安装费＝设备原价×安装费费率 \tag{5.5}$$

④综合吨位指标法。当初步设计提供的设备清单有规格和设备质量时，可采用综合吨位指标编制概算，其综合吨位指标由相关主管部门或由设计单位根据已完类似工程的资料确定。该法常被用于设备价格波动较大的非标准设备和引进设备的安装工程概算。其计算公式见式（5.6）。

$$设备安装费＝设备吨重×每吨设备安装费指标 \tag{5.6}$$

5.2.3 单项工程综合概算的编制

单项工程综合概算是确定单项工程建设费用的综合性文件，它是由该单项工程所属的各专业单位工程概算汇总而成的，是建设项目总概算的重要组成部分。

单项工程综合概算采用综合概算表（包含其所附的单位工程概算表和建筑材料表）进行编制。对单一的、具有独立性的单项工程建设项目，按照两级概算编制形式，直接编制总概算。

综合概算一般应包括建筑工程费用、安装工程费用、设备及工器具购置费。综合概算表根据单项工程所管辖范围内的各单位工程概算等基础资料，按照国家或部委所规定统一表格进行编制。

5.2.4 建设项目总概算的编制

建设项目总概算是设计文件的重要组成部分，是预计整个建设项目从筹建到竣工交付使用所花费的全部费用的文件。它由各单项工程综合概算、工程建设其他费用、建设期利息、预备费和经营性项目的铺底流动资金概算所组成，按照主管部门规定的统一表格编制而成。

设计总概算文件应包括以下内容。

（1）封面、签署页及目录。独立装订成册的总概算文件宜加封面、签署页（扉页）和目录。

（2）编制说明。编制说明包括以下内容。

①工程概况。简述建设项目性质、特点、生产规模、建设周期、建设地点、主要工程量和工艺设备等情况。引进项目要说明引进内容以及与国内配套工程等主要情况。

②编制依据。编制依据包括国家和有关部门的规定、设计文件、现行概算定额或概算指标、设备材料的预算价格和费用指标等。

③编制方法。说明设计概算是采用概算定额法还是采用概算指标法，或者其他方法。

④主要设备、材料的数量。

⑤主要技术经济指标。主要包括项目概算总投资（有引进的则给出所需外汇额度）及主要分项投资、主要技术经济指标（主要单位投资指标）等。

⑥工程费用计算表。主要包括建筑工程费用计算表、工艺安装工程费用计算表、配套工程费用计算表、其他涉及工程的费用计算表。

⑦引进设备材料有关费率核定及依据。主要是与国际运输费、国际运输保险费、关税、增值税、国内运杂费、其他有关税费等相关的。

⑧引进设备材料从属费用计算表。

⑨其他必要的说明。

（3）总概算表。总概算表格式见表5.1（适用于采用三级编制形式的总概算）。

表 5.1　总概算表

总概算编号　　　　　工程名称：　　　　　单位：万元　　　　　共　页 第　页

序号	概算编号	工程项目或费用名称	建筑工程费	设备购置费	安装工程费	其他费用	合计	其中：引进部分		占总投资比例/%
								美元	折合人民币	
一		工程费用								
1		主要工程								
2		辅助工程								
3		配套工程								
二		工程建设其他费用								
1										
2										
三		预备费								
四		建设期利息								
五		流动资金								
		建设项目概算总投资								

（4）工程建设其他费用概算表。工程建设其他费用概算按国家、地区或部委所规定的项目和标准确定，并按统一格式编制，见表5.2。应按具体发生的工程建设其他费用项目填写工程建设其他费用概算表，需要说明和具体计算的费用项目依次相应在说明及计算式栏内填写或具体计算。填写时注意以下事项。

表5.2　工程建设其他费用概算表

工程名称：　　　　　　　　　单位：万元　　　　　　　　　　　　　共　页　第　页

序号	费用项目编号	费用项目名称	费用计算基数	费率	金额	计算公式	备注
1							
2							
		合计					

编制人：　　　　　　　　　审核人：　　　　　　　　　审定人：

①土地征用及拆迁补偿费应填写土地补偿单价、数量和安置补助费标准、数量等，列式计算所需的费用，填入金额栏。

②建设管理费包括建设单位（业主）管理费、工程监理费等，按"工程费用×费率"或有关定额列式计算。

③研究试验费应根据设计需要进行研究试验的项目分别填写项目名称及金额、列式计算或进行说明。

（5）单项工程综合概算表和建筑安装单位工程概算表。

（6）主要建筑安装材料汇总表。针对每一个单项工程，列出钢筋、型钢、水泥、木材等主要建筑安装材料的消耗量。

5.2.5　设计概算文件的审查

设计概算文件是确定建设项目造价的文件，是建设项目全过程造价控制、考核工程项目经济合理性的重要依据。因此，对设计概算文件的审查在工程造价控制中具有非常重要的作用和现实意义。

设计概算的审查是确定建设工程造价的一个重要环节。借助审查，能使概算更加完整、准确。

1. 设计概算审查的意义

借助设计概算审查，促进设计单位严格执行国家、地方、行业有关概算的编制规定和费用标准，提高概算的编制质量；提高设计的技术先进性与经济合理性；保证建设项目造价的准确、完整，避免出现任意扩大建设规模和漏项的情况，缩小概算与预算之间的差距。

2. 设计概算审查的内容

（1）对设计概算编制依据的审查

①审查编制依据的合法性。设计概算采用的编制依据必须经过国家和授权机关的批准，符合概算编制的有关规定。同时不得擅自提高概算定额、指标或费用标准。

②审查编制依据的时效性。设计概算文件所使用的依据，如定额、指标、价格、取费标准等，都应根据国家有关部门的规定进行。

③审查编制依据的适用范围。各主管部门规定的各类专业定额及其收费标准，仅适用于该部门的专业工程；各地区规定的各种定额及其取费标准，只适用于该地区范围内，特别是地区的材料预算价格应按工程所在地的具体规定执行。

（2）对设计概算编制深度的审查

①审查编制说明。审查设计概算的编制方法、深度和编制依据等重大原则性问题。

②审查设计概算编制的完整性。对于一般大中型项目的设计概算，审查是否具有完整的编制说明和三级设计概算文件（总概算、综合概算、单位工程概算），是否达到规定的深度。

③审查设计概算的编制范围。设计概算编制范围和内容是否与批准的工程项目范围相一致；各项费用应列的项目是否符合法律法规及工程建设标准；是否存在多列或遗漏的取费项目等。

（3）对设计概算编制内容的审查

①概算编制是否符合法律、法规及相关规定。

②概算所编制工程项目的建设规模和建设标准、配套工程等是否符合批准的可行性研究报告或立项批文。对总概算投资超过批准投资估算的10%，应进行技术经济论证，需重新上报进行审批。

③概算所采用的编制方法、计价依据和程序是否符合相关规定。

④概算工程量是否准确。应将工程量较大、造价较高、对整体造价影响较大的项目作为审查重点。

⑤概算中主要材料用量的正确性和材料价格是否符合工程所在地的价格水平，材料价差调整是否符合相关规定等。

⑥概算中设备规格、数量、配置是否符合设计要求，设备原价和运杂费是否正确；非标准设备原价的计价方法是否符合规定；进口设备的各项费用的组成及其计算程序、方法是否符合规定。

⑦概算中各项费用的计取程序和取费标准是否符合国家或地方有关部门的规定。

⑧总概算文件的组成内容是否完整地包括工程项目从筹建至竣工投产的全部费用组成。

⑨综合概算、总概算的编制内容、方法是否符合国家相关规定和设计文件的要求。

⑩概算中建设项目其他费用中的费率和计取标准是否符合国家、行业有关规定。

⑪概算项目是否符合国家对于环境治理的要求和规定。

⑫概算中技术经济指标的计算方法和程序是否正确。

3. 设计概算的审查方法

采用适当方法对设计概算进行审查，是确保审查质量、提高审查效率的关键。常用的审查方法有以下五种。

（1）对比分析法。对比分析建设规模、建设标准、概算编制内容和编制方法等，发现设计概算存在的主要问题和偏差。

（2）主要问题复核法。对审查中发现的主要问题以及有较大偏差的设计进行复核，对重要、关键设备和生产装置或投资较大的项目进行复查。

（3）查询核实法。对一些关键设备和设施、重要装置以及图纸不全、难以核算的较大投资进行多方查询核对，逐项落实。

（4）分类整理法。对审查中发现的问题和偏差，对照单项工程、单位工程的目录顺序分类整理，汇总核增或核减的项目及金额，最后汇总审核后的总投资及增减投资额。

（5）联合会审法。在设计单位自审、承包单位初审、咨询单位评审、邀请专家预审、审批部门复审等层层把关后，由有关单位和专家共同审核。

5.3 施工图预算编制与审查

5.3.1 施工图预算的编制依据与程序

施工图预算是以施工图设计文件为依据，按照规定的程序、方法和依据，在工程施工前对项目的工程费用进行的预测与计算。施工图预算的成果文件被称作"施工图预算书"，简称"施工图预算"，它是在施工图设计阶段对工程建设所需资金作出较精确计算的设计文件。施工图预算价格既可以是按照政府统一规定的预算单价、取费标准、计价程序计算得到的属于计划或预期性质的施工图预算价格，也可以是通过招标投标法定程序，施工企业根据自身的实力即企业定额、资源市场单价以及市场供求及竞争状况计算得到的反映市场性质的施工图预算价格。

1. 施工图预算的编制依据

（1）国家有关工程建设和工程造价控制与管理的法律、法规和方针政策。

（2）施工图设计项目一览表、各专业施工图设计的图纸和文字说明、工程地质勘察资料。

（3）主管部门颁布的现行建设工程和设备及安装工程预算定额、材料与构配件预算价格、工程费用定额和有关费用规定等文件。

（4）现行的有关设备原价及运杂费费率。

（5）现行的其他费用定额、指标和价格。

（6）建设场地中的自然条件和施工条件。

2. 施工图预算的编制程序

（1）做好编制前的准备工作。

（2）熟悉图纸和预算定额。

（3）划分工程项目和计算工程量。

（4）套单价（计算定额基价）。

（5）工料分析。

（6）计算主材费（未计价材料费）。

（7）按费用定额取费。

（8）计算工程造价。

5.3.2 施工图预算的编制方法

单位工程预算包括建筑工程费、安装工程费和设备及工器具购置费。单位工程预算中的安装工程费应根据施工图设计文件，预算定额（或综合单价），以及人工、材料和施工机械台班等价格资料进行计算。施工图预算的主要编制方法有单价法和实物法。其中单价法分为定额单价法和工程量清单单价法。在单价法中，使用较多的是定额单价法。下面主要介绍定额单价法和实物法。

1. 定额单价法

定额单价法又被称为"工料单价法"或"预算单价法"，是指以分部分项工程的单价为工料单价，将分部分项工程量乘以对应分部分项工程单价后的合计作为单位人工费、材料费、施工机具使用费。人工费、材料费、施工机具使用费汇总后，根据规定的计算方法计取企业管理费、利润、规费和税金。将上述费用汇总后得到该单位工程的施工图预算造价。

采用定额单价法编制施工图预算的基本步骤如下。

（1）准备工作。准备工作阶段应主要完成以下工作内容：①收集编制施工图预算的编制依据，包括现行建筑安装定额、取费标准、工程量计算规则、地区材料预算价格以及市场材料价格等各种资料；②熟悉施工图等基础资料；③了解施工组织设计和施工现场情况。

（2）列项并计算工程量。分项子目的工程量应遵循顺序逐项计算，避免漏算和重算，主要包括以下方面：①根据工程内容和定额项目，列出需计算工程量的分部分项工程；②根据一定的计算顺序和计算规则，列出分部分项工程量的计算式；③根据施工图上的设计尺寸及有关数据，代入计算式进行数值计算；④对计算结果的计量单位进行调整，使之与定额中相应的分部分项工程的计量单位保持一致。

（3）套用定额预算单价。计算人工费、材料费、施工机具使用费时，需要注意以下几个问题：①分项工程的名称、规格、计量单位与预算单价或单位估价表中所列内容完全一致时，可以直接套用预算单价；②分项工程的主要材料品种与预算单价或单位估价表中规定的材料不一致时，不可以直接套用预算单价，需要按实际使用材料价格换算预算单价；③分项工程施工工艺条件与预算单价或单位估价表不一致而造成人工、施工机具的数量增减时，一般调量不调价。

（4）编制工料分析表。

（5）计算主材费并调整人工费、材料费、施工机具使用费。主材费计算的依据是当时当地的市场价格。

（6）按计价程序计取其他费用，并汇总造价。

（7）复核。

（8）填写封面、编制说明。

2. 实物法

用实物法编制单位工程预算，是将施工图计算的各分项工程量分别乘以地区定额中人工工日、材料、施工机械台班的定额消耗量，分类汇总得出该单位工程所需的全部人工工日、材料、施工机械台班消耗量，然后乘以当时当地人工工日单价、各种材料单价、施工机械台班单价，求出相应的人工费、材料费、施工机具使用费，企业管理费、利润、规费及税金等费用的计取方法与定额单价法相同。

采用实物法编制施工图预算的基本步骤如下。

（1）准备资料，熟悉施工图纸。除准备定额单价法所采用的各种编制资料外，重点应全面收集工程造价管理机构发布的工程造价信息及各种市场价格信息。

（2）列项并计算工程量。本步骤与定额单价法相同。

（3）套用消耗量定额，计算人工、材料、施工机械台班消耗量，统计并汇总确定单位工程所需的各类人工工日消耗量、各类材料消耗数量和各类施工机械台班消耗量。

（4）计算并汇总人工费、材料费和施工机具使用费。将当时当地工程造价控制管理部门定期发布的或企业根据市场价格确定的人工工日单价、材料单价、施工机械台班单价分别乘以人工消耗量、材料消耗、施工机械台班消耗量，汇总即得到单位工程人工费、材料费和施工机具使用费。

（5）计算其他各项费用，汇总工程造价。

（6）复核、填写封面、编制说明。

5.3.3　施工图预算的审查

对施工图预算进行审查，有利于核实建设项目实际成本，更有针对性地控制工程造价。

1. 施工图预算的审查内容

重点应审查的内容有：工程量；定额使用；设备材料及人工、机械价格；相关费用。

（1）工程量的审查。工程量计算是编制施工图预算的基础性工作之一，对施工图预算的审查应首先从审查工程量开始。

（2）定额使用的审查。应重点审查定额子目的套用是否正确。对于补充的定额子目，要对其各项指标消耗量的合理性进行审查，并按程序报批，及时补充到定额中。

（3）设备材料及人工、机械价格的审查。设备材料及人工、机械价格受时间、资金和市场行情等因素的影响较大，且在工程总造价中所占比例较高，因此，应作为施工图预算审查的重点。

（4）相关费用的审查。审查各项费用的选取是否符合国家和地方有关规定，审查费用的计算和计取基数是否正确、合理。

2. 施工图预算审查的方法

通常可采用以下方法对施工图预算进行审查。

（1）全面审查法。它又被称为"逐项审查法"，是指按预算定额顺序或施工的先后顺序，逐一进行审查。其优点是全面、细致，审查的质量高；缺点是工作量大，审查时间较长。

（2）标准预算审查法。它是指对于利用标准图纸或通用图纸施工的工程，先集中力量编制标准预算，然后以此为标准对施工图预算进行审查。其优点是审查时间较短，审查效果好；缺点是应用范围较小。

（3）分组计算审查法。它是指将相邻且有一定内在联系的项目编为一组，审查某个分量，并利用不同量之间的相互关系判断其他几个分项工程量的准确性。其优点是可加快工程量审查的速度；缺点是审查的精度较差。

（4）对比审查法。它是指用已完工程的预结算或虽未建成但已审查修正的工程量预结算对比审查拟建类似工程施工图预算。其优点是审查速度快；缺点是需要具有较为丰富的相关工程数据库作为开展工作的基础。

（5）筛选审查法。它属于一种对比方法，即对数据加以汇集、优选、归纳，建立基本值，并以基本值为准进行筛选，对于未被筛选下去的，即不在基本值范围内的数据进行较为详尽的审查。其优点是便于掌握，审查速度较快；缺点是有局限性。该方法较适用于不具备全面审查条件的工程项目。

（6）重点抽查法。它是指抓住工程预算中的重点环节和部分进行审查。其优点是重点突出，审查时间较短，审查效果较好；缺点是对审查人员的专业素质要求较高，在审查人员不足或了解情况不够的情况下，极易造成判断失误，严重影响审查结论的准确性。

总之，设计概预算的审查作为设计阶段造价控制的重要组成部分，需要有关各方积极配合，强化控制管理，从而实现基于建设项目全寿命期的全要素集成控制管理。

6 建设项目招标投标阶段造价控制

招标投标是市场经济中的一种竞争方式，通常适用于大宗交易。其特点是由唯一的买主（或卖主）设定标的，招请若干个卖主（或买主）通过秘密报价进行竞争，从中选择优胜者与之达成交易协议，随后按协议实现标的。

建设项目招标投标是国际上广泛采用的业主择优选择工程承包商的主要交易方式。招标的目的是为计划兴建的工程项目选择适当的承包商，将全部工程或其中某一部分工作委托这个（些）承包商负责完成。承包商则通过投标竞争决定自己的生产任务和销售对象，即使产品得到社会的承认，从而完成生产计划并实现盈利计划。

6.1 招标文件编制

6.1.1 施工招标文件的编制内容

招标文件是指导整个招标投标工作全过程的纲领性文件。建设项目施工招标文件是由招标人（或其委托的咨询机构）编制，由招标人发布的，它既是投标单位编制投标文件的依据，也是招标人与将来中标人签订工程承包合同的基础。招标文件中提出的各项要求，对整个招标工作乃至发承包双方都具有约束力，因此招标文件的编制及其内容必须符合有关法律法规的规定。

根据《中华人民共和国标准施工招标文件》（2013年修订）的规定，施工招标文件包括以下内容。

（1）招标公告（或投标邀请书）。当未进行资格预审时，招标文件中应包括招标公告。当进行资格预审时，招标文件中应包括投标邀请书。该邀请书可代替资格预审通过通知书，以明确投标人已具备在某具体项目某具体标段的投标资格，其他内容包括招标文件的获取、投标文件的递交等。

（2）投标人须知。主要包括对于项目概况的介绍和招标过程的各种具体要求，在正文中的未尽事宜可以通过"投标人须知前附表"进一步明确，由招标人根据招标项目具体特点和实际需要编制和填写，但务必与招标文件的其他章节相衔接，并不得与投标人须知正文的内容相抵触，否则抵触内容无效。投标人须知包括如下十个方面的内容。

①总则。主要包括项目概况、资金来源和落实情况、招标范围、计划工期和质量要求的描述，对投标人资格要求的规定，对费用承担、保密、语言文字、计量单位等内容的约定，对踏勘现场、投标预备会的要求，以及对分包和偏离问题的处理。项目概况中主要包括项目名称、建设地点以及招标人和招标代理机构的情况等。

②招标文件。主要包括招标文件的构成以及澄清和修改的规定。

③投标文件。主要包括投标文件的组成，投标报价编制的要求，投标有效期和投标

保证金的规定，需要提交的资格审查资料，是否允许提交备选投标方案，以及投标文件编制所应遵循的标准格式要求。

④投标。主要规定投标文件的密封和标识、递交、修改及撤回的各项要求。在此部分中应当确定投标人编制投标文件所需要的合理时间，即投标准备时间，是指自招标文件开始发出之日起至投标人提交投标文件截止之日止的期限，最短不得少于20d。

⑤开标。规定开标的时间、地点和程序。

⑥评标。说明评标委员会的组建方法、评标原则和采取的评标办法。

⑦合同授予。说明拟采用的定标方式、中标通知书的发出时间、要求承包人提交的履约担保和合同的签订时限。

⑧重新招标和不再招标。规定重新招标和不再招标的条件。

⑨纪律和监督。主要包括对招标过程各参与方的纪律要求。

⑩需要补充的其他内容。

（3）评标办法。评标办法可选择经评审的最低投标价法和综合评估法。

（4）合同条款及格式。包括本工程拟采用的通用合同条款、专用合同条款以及各种合同附件的格式。

（5）工程量清单。工程量清单是表现拟建工程分部分项工程、措施项目和其他项目名称和相应数量的明细清单，以满足工程项目具体量化和计量支付的需要，是招标人编制招标控制价和投标人编制投标报价的重要依据。如按照规定应编制招标控制价的项目，其招标控制价也应在招标时一并公布。

（6）图纸。图纸是指应由招标人提供的用于计算招标控制价和投标人计算投标报价所必需的各种详细程度的图纸。

（7）技术标准和要求。招标文件规定的各项技术标准应符合国家强制性规定。招标文件中规定的各项技术标准均不得要求或标明某一特定的专利、商标、名称、设计、原产地或生产供应者，不得含有倾向或者排斥潜在投标人的其他内容。如果必须引用某一生产供应商的技术标准才能准确或清楚地说明拟招标项目的技术标准，则应当在参照后面加上"或相当于"的字样。

（8）投标文件格式。提供各种投标文件编制所应依据的参考格式。

（9）投标人须知前附表规定的其他材料。如需要其他材料，应在"投标人须知前附表"中予以规定。

6.1.2 招标文件的澄清和修改

1. 招标文件的澄清

投标人应仔细阅读和检查招标文件的全部内容。如发现缺页或附件不全，应及时向招标人提出，以便补齐。如有疑问，应在规定的时间前以书面形式（包括信函、电报、传真等可以有形地表现所载内容的形式），要求招标人对招标文件予以澄清。

招标文件的澄清将在规定的投标截止时间15d前以书面形式发给所有购买招标文件的投标人，但不指明澄清问题的来源。如果澄清发出的时间距投标截止时间不足15d，相应推迟投标截止时间。

投标人在收到澄清后，应在规定的时间内以书面形式通知招标人，确认已收到该澄清。投标人收到澄清后的确认时间，可以采用一个相对的时间，如招标文件澄清发出后 12h 以内；也可以采用一个绝对的时间，如××××年××月××日中午 12：00 以前。

2. 招标文件的修改

招标人对已发出的招标文件进行必要的修改，应当在投标截止时间 15d 前，招标人以书面形式修改招标文件，并通知所有已购买招标文件的投标人。如果修改招标文件的时间距投标截止时间不足 15d，相应推后投标截止时间。投标人收到修改内容后，应在规定的时间内以书面形式通知招标人，确认已收到该修改文件。

6.1.3 建设项目施工招标过程中其他文件的主要内容

1. 资格预审公告和招标公告的内容

（1）资格预审公告的内容。按照《中华人民共和国标准施工招标资格预审文件》（2013 年修订）的规定，资格预审公告具体包括以下内容。

①招标条件：明确拟招标项目已符合前述的招标条件。②项目概况与招标范围：说明本次招标项目的建设地点、规模、计划工期、招标范围、标段划分等。③申请人资格要求：包括对于申请资质、业绩、人员、设备、资金等各方面的要求，以及是否接受联合体资格预审申请的要求。④资格预审方法：明确采用合格制或有限数量制。⑤资格预审文件的获取：是指获取资格预审文件的地点、时间和费用。⑥资格预审申请文件的递交：说明递交资格预审申请文件的截止时间。⑦发布公告的媒介。⑧联系方式。

（2）招标公告的内容。若未进行资格预审，可以单独发布招标公告，根据《中华人民共和国标准施工招标文件》（2013 年修订）的规定，招标公告包括的内容有：招标条件；项目概况与招标范围；投标人资格要求；招标文件的获取；投标文件的递交；发布公告的媒介；联系方式。

2. 资格审查文件的内容

（1）资格预审文件的内容。发出资格预审公告后，招标人向申请参加资格预审的申请人出售资格预审文件。资格预审文件的内容主要包括资格预审公告、申请人须知、资格审查办法、资格预审申请文件格式、项目建设概况等内容，同时还包括关于资格预审文件澄清和修改的说明。

（2）资格预审申请文件的内容。资格预审申请文件应包括以下内容：资格预审申请函；法定代表人身份证明或附有法定代表人身份证明的授权委托书；联合体协议书（如工程接受联合体投标）；申请人基本情况表；近年财务状况表；近年完成的类似项目情况表；正在施工和新承接的项目情况表；近年发生的诉讼及仲裁情况；其他材料。

6.2 招标控制价编制与审查

6.2.1 招标控制价的编制原则和依据

1. 招标控制价的编制原则

招标控制价是指招标人根据国家、省级、行业建设主管部门颁发的有关计价依据和办法，按照图纸和有关技术文件要求计算的，对招标建设项目限定的工程最高造价，也称"拦标价""预算控制价"或"最高报价"等。

招标控制价是招标人控制投资、确定招标工程造价的重要手段，在计算招标控制价时要力求科学合理、计算准确。在编制的过程中，应遵循以下原则。

（1）国有资金投资的项目实行的是投资概算审批制度，国有资金投资的工程原则上不能超过批准的投资概算。因此，在工程招标发包时，当编制的招标控制价超过批准的概算时，招标人应当将其报原概算审批部门重新审核。

（2）招标人设有最高投标限价的，应当在招标文件中明确最高投标限价或者最高投标限价的计算方法。招标人不得规定最低投标限价。

（3）国有资金投资的工程，招标人编制并公布的招标控制价相当于招标人的采购预算，同时要求其不能超过批准的概算。因此，招标控制价是招标人在工程招标时能接受投标人报价的最高限价。国有资金中的财政性资金投资的工程在招标时还应符合《中华人民共和国政府采购法》相关条款的规定。

2. 招标控制价的编制依据

招标控制价的编制依据是指在编制招标控制价时需要进行工程量计价、价格确认、工程计价的有关参数、率值的确定等工作时所需的基础性资料，主要包括以下几个方面。

（1）国家标准《建设工程工程量清单计价规范》（GB 50500—2013）与专业工程计量规范。

（2）国家或省级、行业建设主管部门颁发的计价定额和计价方法。

（3）建设工程设计文件及相关资料。

（4）拟定的招标文件及招标工程量清单。

（5）与建设项目相关的标准、规范、技术资料。

（6）工程造价管理机构发布的工程造价信息；工程造价信息没有发布的，参照市场价。

（7）其他的相关资料。主要指施工现场情况、工程特点及常规施工方案等。

按上述依据进行招标控制价编制，应注意以下事项。

（1）使用的计价标准、计价政策应是国家或省级、行业建设主管部门颁布的计价定额和相关政策规定。

（2）采用的材料价格应是工程造价管理机构通过工程造价信息发布的材料单价，工程造价信息未发布材料单价的材料，其材料价格应通过市场调查确定。

（3）国家或省级、行业建设主管部门对工程造价计价中费用或费用标准有规定的，应按规定执行。

除此之外，编制招标控制价还需注意以下两点。

（1）招标控制价的作用决定了招标控制价不同于标底，无须保密。为体现招标的公平、公正，防止招标人有意抬高或压低工程造价，招标人应在招标文件中如实公布招标控制价，不得对所编制的招标控制价进行上浮或下调。招标人在招标文件中公布招标控制价时，应公布招标控制价各组成部分的详细内容，不得只公布招标控制价总价。同时，招标人应将招标控制价报工程所在地的工程造价管理机构备查。

（2）投标人经复核认为招标人公布的招标控制价未按照《建设工程工程量清单计价规范》（GB 50500—2013）的规定进行编制的，应在开标前5d向招标投标监督机构或（和）工程造价管理机构投诉。招标投标监督机构应会同工程造价管理机构对投诉进行处理，发现确有错误的，应责成招标人修改。

6.2.2 招标控制价的编制内容

1. 招标控制价计价程序

建设项目的招标控制价反映的是单位工程费用，各单位工程费用由分部分项工程费、措施项目费、其他项目费、规费和税金组成。建设单位工程招标控制价计价程序见表6.1。

表6.1 建设单位工程招标控制价计价程序（施工企业投标报价计价程序）

工程名称： 标段： 第 页共 页

序号	汇总内容	计算方法	金额/元
1	分部分项工程	按计价规定计算/（自主报价）	
1.1			
1.2			
2	措施项目	按计价规定计算/（自主报价）	
2.1	其中：安全文明施工费	按规定标准估算/（按规定标准计算）	
3	其他项目		
3.1	其中：暂列金额	按计价规定估算/（按招标文件提供金额计列）	
3.2	其中：专业工程暂估价	按计价规定估算/（按招标文件提供金额计列）	
3.3	其中：计日工	按计价规定估算/（自主报价）	
3.4	其中：总承包服务费	按计价规定估算/（自主报价）	
4	规费	按规定标准计算	
5	税金	（人工费＋材料费＋施工机具使用费＋企业管理费＋利润＋规费）×规定税率	
招标控制价/（投标报价）		合计＝1＋2＋3＋4＋5	

注：本表适用于单位工程招标控制价计算或投标报价计算，如无单位工程划分，单项工程也使用本表。

由于投标人（施工企业）投标报价计价程序与招标人（建设单位）招标控制价计价程序具有相同的表格，为便于对比分析，此处将两种表格合并列出，其中表格栏目中斜线后带括号的内容用于投标报价，其余为通用栏目。

2. 分部分项工程费的编制

分部分项工程费应根据招标文件中的分部分项工程项目清单及有关要求，按《建设工程工程量清单计价规范》（GB 50500—2013）有关规定确定综合单价计价。

（1）综合单价的组价过程。招标控制价的分部分项工程费应由各单位工程的招标工程量清单中给定的工程量乘以其相应综合单价汇总而成。综合单价应按照招标人发布的分部分项工程项目清单的项目名称、工程量、项目特征描述，依据工程所在地区颁发的计价定额和人工、材料、机具台班价格信息等进行组价确定。首先，依据提供的工程量清单和施工图纸，按照工程所在地区颁发的计价定额的规定，确定所组价的定额项目名称，并计算出相应的工程量；其次，依据工程造价政策规定或工程造价信息确定其人工、材料、机具台班单价；同时，在考虑风险因素确定管理费率和利润率的基础上，按规定程序计算出所组价定额项目的合价，如式（6.1）所示；最后，将若干项所组价的定额项目合价相加除以工程量清单项目工程量，便得到工程量清单项目综合单价，如式（6.2）所示。对于未计价材料费（包括暂估单价的材料费）应计入综合单价。

$$定额项目合价 = 定额项目工程量 \times \left[\sum \binom{定额人工消耗量}{\times 人工单价} + \sum \binom{定额材料消耗量}{\times 材料单价} + \right.$$
$$\left. \sum \binom{定额机械台班消耗量}{\times 机械台班单价} + 管理费 + 利润 \right] \qquad (6.1)$$

$$工程量清单综合单价 = \frac{\sum 定额项目合价 + 未计价材料费}{工程量清单项目工程量} \qquad (6.2)$$

（2）综合单价中的风险因素。为使招标控制价与投标报价所包含的内容一致，综合单价中应包括招标文件中要求投标人所承担的风险内容及其范围（幅度）产生的风险费用。

①对于技术难度较大和管理复杂的项目，可考虑一定的风险费用，并纳入综合单价中。

②对于工程设备、材料价格的市场风险，应依据招标文件、工程所在地或行业工程造价管理机构的有关规定，以及市场价格趋势考虑一定率值的风险费用，纳入综合单价中。

③税金、规费等法律、法规、规章和政策变化的风险和人工单价等风险费用不应纳入综合单价。

3. 措施项目费的编制

（1）措施项目费中的安全文明施工费应当按照国家或省级、行业建设主管部门的规定标准计价，该部分不得作为竞争性费用。

（2）措施项目应按招标文件中提供的措施项目清单确定，措施项目分为以"量"计算和以"项"计算两种。对于可精确计量的措施项目，以"量"计算即按其工程量用与分部分项工程项目清单单价相同的方式确定综合单价；对于不可精确计量的措施项目，则以"项"为单位，采用费率法按有关规定综合取定。采用费率法时，需确定某项费用的计费基数及其费率，结果应是包括除规费、税金以外的全部费用。其计算公式见式（6.3）。

$$以"项"计算的措施项目清单费 = 措施项目计费基数 \times 费率 \qquad (6.3)$$

4. 其他项目费的编制

（1）暂列金额。暂列金额由招标人根据工程特点、工期长短、工程环境条件（包括地质、水文、气候条件等），按有关计价规定估算，一般可以分部分项工程费的 10%～15% 为参考。

（2）暂估价。暂估价中的材料单价应按照工程造价管理机构发布的工程造价信息中的材料单价计算，工程造价信息未发布的材料单价参考市场价格估算。暂估价中的专业工程暂估价应分不同专业，按有关计价规定估算。

（3）计日工。在编制招标控制价时，对计日工中的人工单价和施工机械台班单价，应按省级、行业建设主管部门或其授权的工程造价管理机构公布的单价计算；材料应按工程造价管理机构发布的工程造价信息中的材料单价计算，工程造价信息未发布单价的材料，其价格应按市场调查确定的单价计算。

（4）总承包服务费。总承包服务费应按照省级或行业建设主管部门的规定计算，在计算时可参考以下标准：①招标人仅要求对分包的专业工程进行总承包管理和协调时，按分包的专业工程估算造价的 1.5% 计算；②招标人要求对分包的专业工程进行总承包管理和协调，并同时要求提供配合服务时，根据招标文件中列出的配合服务内容和提出的要求，按分包的专业工程估算造价的 3%～5% 计算；③招标人自行供应材料的，按招标人供应材料价值的 1% 计算。

5. 规费和税金的编制

规费和税金必须按国家或省级、行业建设主管部门的规定计算。其中税金的计算公式见式（6.4）。

$$税金 = （人工费 + 材料费 + 施工机具使用费 + 企业管理费 + 利润 + 规费） \times 综合税率 \quad (6.4)$$

6.2.3　招标控制价的编制方法

根据有关文件的规定，工程施工招标控制价的编制多采用两种方式：一是传统计价模式，以工料单价法编制招标控制价；二是工程量清单计价模式，以综合单价法编制招标控制价。

1. 综合单价法

采用综合单价法计价时，招标控制价的编制内容包括分部分项工程费、措施项目费、其他项目费、规费和税金。

（1）分部分项工程费应根据招标文件中的分部分项工程量清单项目的特征描述及有关要求，按照《建设工程工程量清单计价规范》（GB 50500—2013）有关规定确定综合单价进行计算。工程量依据招标文件中提供的分部分项工程量清单确定。综合单价中应包括招标文件中要求投标人承担的风险费用。招标文件提供了暂估单价的材料，按暂估的单价计入综合单价。为使招标控制价与投标报价所包含的内容一致，综合单价中应包括招标文件中要求投标人所承担的风险内容及其范围产生的风险费用。

（2）措施项目费中的安全文明施工费应当按照国家或省级、行业建设主管部门的规定标准计价，该部分不得作为竞争性费用。措施项目费应按招标文件中提供的措施项目清单确定，措施项目分以"量"和以"项"计算两种。对于可精确计量的措施项目，以"量"计算，即按与分部分项工程量清单单价相同的方式确定综合单价；对于不可精确计量的措施项目，则以"项"为单位，采用费率法时需确定某项费用的计费基数及其费率，结果应是包括除规费、税金以外的全部费用。其计算公式见式（6.3）。

（3）其他项目费应按下列规定计价。

①暂列金额。暂列金额可根据工程的复杂程度、设计深度、工程环境条件（包括地

质、水文、气候条件等）进行估算，一般可按分部分项工程费的 10%～15% 作为参考。

②暂估价。暂估价包括材料暂估价和专业工程暂估价。暂估价中的材料单价应按照工程造价管理机构发布的工程造价信息中的材料单价计算，工程造价信息未发布的材料单价，其单价参考市场价格估算；暂估价中的专业工程暂估价应分不同专业，按有关计价规定估算。

③计日工。计日工包括计日工人工、材料和施工机械。在编制招标控制价时，对计日工中的人工单价和施工机械台班单价应按省级行业建设主管部门或其授权的工程造价管理机构公布的单价计算；材料应按工程造价管理机构发布的工程造价信息中的材料单价计算，工程造价信息未发布材料单价的材料，其价格应按市场调查确定的单价计算。

④总承包服务费。招标人应根据招标文件中列出的内容和向总承包人提出的要求，参照下列标准计算。

招标人要求对分包的专业工程进行总承包管理和协调时，按分包的专业工程估算造价的 1.5% 计算。

招标人要求对分包的专业工程进行总承包管理和协调，并同时要求提供配合服务时，根据招标文件中列出的配合服务内容和提出的要求，按分包的专业工程估算造价的 3%～5% 计算。

招标人自行供应材料的，按招标人供应材料价值的 1% 计算。

招标控制价的规费和税金必须按国家或省级行业建设主管部门的规定计算。税金计算公式见式（6.5）。

$$税金 =（分部分项工程量清单费 + 措施项目清单费 + 其他项目清单费）× 综合费率 \quad (6.5)$$

单位工程招标控制价/投标报价汇总表，与表 6.1 基本一致。

招标控制价应在招标文件中注明，不应上调或下浮，招标人应将招标控制价及有关资料报送工程所在地工程造价管理机构备案。招标控制价超过批准的概算时，招标人应将其报原概算部门核准，投标人的投标报价高于招标控制价的，其投标应予拒绝。

2. 工料单价法

工料单价法是指分部分项工程单价为直接工程费单价，以分部分项工程量乘以对应分部分项工程单价后的合价为单位工程直接工程费。直接工程费汇总后另加措施费、间接费、利润、税金生成项目承包价。根据所选用的定额的形式分为预算单价法和实物量法。

（1）预算单价法编制招标控制价，就是选用各地区、各部门编制的单位估价表或预算定额单价，根据图纸计算出的各分项工程量，分别乘以相应单价或预算定额单价，求出工程的人工费、材料费、机械使用费，将其汇总求和，得到单位工程的直接工程费。

根据费用定额进行取费，求得间接费、利润及税金。对上述各项费用按照当时当地的市场调价文件进行价差调整，最终得到招标控制价格。

预算单价法是比较传统的预算编制方法，也是目前国内编制招标控制价的主要方法。这种方法计算简单，便于进行技术经济分析，但由于采用事先编制好的单位估价表或预算定额单价，其价格水平往往无法准确反映当时当地的市场价格，造成计算的造价偏离实际价格水平，虽然可以对价差进行调整，但从测定到颁布调价系数和指数，不仅数据滞后，计算也较烦琐。

（2）实物量法编制招标控制价，选用的定额形式是建设行政主管部门颁发的消耗量定额。根据定额中规定的工程量计算规则，计算分部分项工程量。将工程量套用定额中各子目的工料机消耗量指标，求出整个工程所需的人工消耗量、材料消耗量、机械台班消耗量，根据当时当地的市场价格水平，计算整个工程的人工费、材料费、机械使用费，并汇总求和，得到单位工程直接费。

根据费用定额取费，将直接费、间接费、利润和税金汇总，得到招标控制价格。

采用实物法时，在计算出工程量后，不直接套用预算定额单价，而是将量价分离，先套用相应预算人工、材料、机械台班定额用量，并汇总出各类人工、材料和机械台班的消耗量，再分别乘以当时当地的人工、材料、机械台班单价，得到单位工程人工、材料、机械使用费。这种方法能比较准确地反映实际水平，误差较小，适合市场经济条件下价格波动较大的情况。但是此方法会造成搜集统计工作量较大，计算过程烦琐。然而，随着建筑市场的开放和价格信息系统的建立，以及竞争机制作用的发挥和计算机的普及，实物法将是一种与统计"量"、指导"价"、竞争"费"的工程造价管理机制相适应的行之有效的编制方法。

6.2.4 招标控制价的审查

设置招标控制价的目的是适应市场定价机制，规范建设市场秩序，进一步规范建设项目招标投标管理，最大限度满足降低工程造价、保证工程质量的需要。另外，招标控制价的设立，避免了投标人压低价格、串标、联合串标的现象，防止招标人有意抬高或压低工程造价，提供一个公平、公正、公开的平台。

招标控制价编制完成后，需要认真审查。招标控制价的审查对于提高编制的准确性、正确贯彻国家有关方针政策、降低工程造价具有重要的意义。招标控制价审查的重点是工程量计算是否准确，定额套用、各项取费标准是否符合现行规定或单价计算是否合理等方面。主要审查工程量、单价及有关费用取用的计算是否符合规定要求。

6.3 施工招标策划

施工招标策划是指建设单位及其委托的招标代理机构在准备招标文件前，根据工程项目特点及潜在投标人情况等确定招标方案。招标策划的好坏关系到招标的成败，直接影响投标人的投标报价乃至施工合同价。因此，招标策划对于施工招标投标过程中的工程造价管理起着关键作用。施工招标策划主要包括施工标段划分、合同计价方式与合同类型选择等内容。

6.3.1 施工标段划分

工程项目施工是一个复杂的系统工程，影响标段划分的因素有很多。应根据工程项目的内容、规模和专业复杂程度确定招标范围，合理划分标段。对于工程规模大、专业复杂的工程项目，建设单位的管理能力有限时，应考虑采用施工总承包的招标方式选择施工队伍，有利于减小各专业之间因配合不当造成的窝工、返工、索赔风险，但有可能使工程报价相对较高；对于工艺成熟的一般性项目，涉及专业不多时，可考虑采用平行承包的招标方式，分别选择各专业承包单位并签订施工合同，一般可得到较为满意的报价，有利于控制工程造价。

划分施工标段时，应考虑的因素包括工程特点、对工程造价的影响、承包单位专长的发挥、工地管理等。

（1）工程特点。如果工程场地集中、工程量不大、技术不太复杂，由一家承包单位总包易于管理，则一般不分标；如果工地场面大、工程量大，有特殊技术要求，应考虑划分为若干标段。

（2）对工程造价的影响。一项工程由一家施工单位总承包便于劳动力、材料、设备的调配，因而可得到交底造价。但对于大型、复杂的工程项目，对承包单位的施工能力、施工经验、施工设备等有较高要求。在这种情况下，如果不划分标段，可能使有资格参加投标的承包单位大大减少，导致工程报价上涨，反而得不到较为合理的报价。

（3）承包单位专长的发挥。工程项目由单项工程、单位工程或专业工程组成，在考虑划分施工标段时，既要考虑不会产生各承包单位施工的交叉干扰，又要注意各承包单位之间在空间和时间上的衔接。

（4）工地管理。从工地管理角度看，分标时应考虑两方面问题：一是工程进度的衔接，二是工地现场的布置和干扰。工程进度的衔接很重要，特别是工程网络计划中关键线路上的项目一定要选择施工水平高、能力强、信誉好的承包单位，以防止影响其他承包单位的进度。从现场布置的角度看，承包单位越少越好。分标时，要对几个承包单位在现场的施工场地进行细致周密的安排。

除上述因素外，还有许多其他因素影响施工标段的划分，如建设资金、设计图纸供应等。资金不足、图纸分期供应时，可先进行部分招标。总之，标段的划分是选择招标方式和编制招标文件前一项非常重要的工作，需要考虑上述因素综合分析后确定。

6.3.2　合同计价方式与合同类型选择

1. 合同计价方式

施工合同中，计价方式可分为三种，即总价方式、单价方式和成本加酬金方式。相应的施工合同也被称为"总价合同""单价合同"和"成本加酬金合同"。其中，成本加酬金的计价方式又可根据酬金的计取方式不同，分为百分比酬金、固定酬金、浮动酬金和目标成本加奖罚四种计价方式。

不同计价方式合同的比较见表6.2。

表6.2　不同计价方式合同的比较

合同类型		应用范围	建设单位造价控制	施工承包单位风险
总价合同		广泛	易	大
单价合同		广泛	较易	小
成本加酬金合同	百分比酬金	有局限性	最难	基本没有
	固定酬金		难	
	浮动酬金		不易	不大
	目标成本加奖罚	酌情	有可能	有

2. 合同类型的选择

施工合同有多种类型。合同类型不同，合同双方的义务和责任不同，各自承担的风险也不尽相同。建设单位应综合考虑以下因素来选择适合的合同类型。

（1）项目复杂程度。建设规模大且技术复杂的项目，承包风险较大，各项费用不易准确估算，因而不宜采用固定总价合同。最好是对有把握的部分采用固定总价合同，估算不准的部分采用单价合同或成本加酬金合同。有时，在同一施工合同中采用不同的计价方式，是建设单位与施工承包单位合理分担施工风险的有效办法。

（2）项目设计深度。项目设计深度是选择合同类型的重要因素。如果已完成工程项目的施工图设计，施工图纸和工程量清单详细而明确，可选择总价合同；如果实际工程量与预计工程量可能有较大出入时，应优先选择单价合同；如果只完成项目的初步设计，工程量清单不够明确时，可选择单价合同或成本加酬金合同。

（3）施工技术先进程度。如果在工程施工中有较大部分采用新技术、新工艺，建设单位和施工承包单位对此缺乏经验，又无国家标准，为了避免投标单位盲目地提高承包价款，或由于对施工难度估计不足而导致承包亏损，不宜采用固定总价合同，而应选用成本加酬金合同。

（4）施工工期紧迫程度。对于一些紧急工程（如灾后恢复工程等），要求尽快开工且工期较紧时，可能仅有实施方案，还没有施工图纸，施工承包单位不可能报出合理的价格，选择成本加酬金合同较为合适。

总之，对于一个工程项目而言，究竟采用何种合同类型不是固定不变的。在同一个项目中不同的工程部分或不同阶段，可以采用不同类型的合同。在进行招标策划时，必须依据实际情况，权衡各种利弊，再作出最佳决策。

6.4 施工投标报价策略和技巧

6.4.1 施工投标基本策略

投标报价策略指投标人在投标竞争中的系统工作部署及其参与投标竞争的方式和手段。投标策略对投标人有着非常重要的意义和作用。

投标人的决策活动贯穿于投标全过程，是工程竞标的关键。它是保证投标人在满足招标文件中各项要求的条件下，获得预期收益的关键。因此必须随时掌握竞争对手的情况和招标业主的意图，及时制定正确的策略，争取主动。投标策略主要有投标目标策略、技术方案策略、投标方式策略、经济效益策略等。

（1）投标目标策略。投标目标策略指导投标人应该重点对哪些招标项目去投标。

（2）技术方案策略。技术方案和配套设备的档次（品牌、性能和质量）的高低决定了整个工程项目的基础价格，投标前应根据业主投资的大小和意图进行技术方案决策，并指导报价。

（3）投标方式策略。投标方式策略指导投标人是否联合合作伙伴投标。中小型企业依靠大型企业的技术、产品和声誉的支持进行联合投标是提高其竞争力的一种良策。

（4）经济效益策略。经济效益策略直接指导投标报价。制定报价策略必须考虑投标者的数量、主要竞争对手的优势、竞争实力的强弱和支付条件等因素，根据不同情况可计算出高、中、低三套报价方案，具体如下。

①高报价方案（高价策略）。符合下列情况的投标项目可采用高价策略：a. 专业技术要求高、技术密集型的项目；b. 支付条件不理想、风险大的项目；c. 竞争对手少，各方面自己都占绝对优势的项目；d. 交工期甚短，设备和劳动力超常规的项目；e. 特殊约定（如要求保密等）需有特殊条件的项目。

②中等报价方案（常规价格策略）。常规价格即中等水平的价格，根据系统设计方案，核定施工工作量，确定工程成本，经过风险分析，确定应得的预期利润后进行汇总。再结合竞争对手的情况及招标方的心理底价，对不合理的费用和设备配套方案进行适当调整，确定最终投标价。

③低报价方案（保本微利策略）。如果夺标的目的是在该地区打开局面、树立信誉、占领市场和建立样板工程，则可采取微利保本策略。甚至不排除承担风险，宁愿先亏后盈。此策略适用于以下情况：a. 投标对手多、竞争激烈、支付条件好、项目风险小；b. 技术难度小、工作量大、配套数量多、都乐意承揽的项目；c. 为开拓市场，急于寻找客户或解决企业目前的生产困境。

6.4.2 施工投标报价技巧

报价技巧是指投标中具体采用的对策和方法，常用的报价技巧有不平衡报价法、多方案报价法、无利润报价法和突然降价法等。此外，对于计日工、暂定金额、可供选择的项目等也有相应的报价技巧。

1. 不平衡报价法

不平衡报价法是指在不影响工程总报价的前提下，通过调整内部各个项目的报价，以达到既不提高总报价、不影响中标，又能在结算时得到更理想的经济效益的报价方法。不平衡报价法适用于以下几种情况。

（1）能够早日结算的项目（如前期措施费、基础工程、土石方工程等）可以适当提高报价，以利资金周转，提高资金时间价值。后期工程项目（如设备安装、装饰工程等）的报价可适当降低。

（2）经过工程量核算，预计今后工程量会增加的项目，适当提高单价，这样在最终结算时可多盈利；对于将来工程量有可能减少的项目，适当降低单价，这样在工程结算时不会有太大损失。

（3）设计图纸不明确、估计修改后工程量要增加的，可以提高单价；工程内容说明不清楚的，则可降低一些单价，在工程实施阶段通过索赔再寻求提高单价的机会。

（4）对暂定项目要做具体分析。因这类项目要在开工后由建设单位研究决定是否实施，以及由哪一家承包单位实施。如果工程不分标，不会另由一家承包单位施工，则其中肯定要施工的单价可报高些，不一定要施工的则应报低些。如果工程分标，该暂定项目也可能由其他承包单位施工，则不宜报高价，以免抬高总报价。

（5）单价与包干混合制合同中，招标人要求有些项目采用包干报价时，宜报高价。一则这类项目多半有风险，二则这类项目在完成后可全部按报价结算。对于其余单价项目，可适当降低报价。

（6）有时招标文件要求投标人对工程量大的项目报"综合单价分析表"，投标时可将单价分析表中的人工费及机械设备费报得高一些，材料费报得低一些。这主要是为了在今后补充项目报价时，可以参考选用"综合单价分析表"中较高的人工费和机械费，材料往往采用市场价，因而可获得较高的收益。

2. 多方案报价法

多方案报价法是指在投标文件中报两个价：一是按招标文件的条件报一个价，二是加注解的报价，即如果某条款做某些改动，报价可降低多少。这样可降低总报价，吸引招标人。

多方案报价法适用于招标文件中的工程范围不很明确，条款不很清楚或很不公正，或技术规范要求过于苛刻的工程。采用多方案报价法可降低投标风险，但投标工作量较大。

3. 无利润报价法

对于缺乏竞争优势的承包单位，在不得已时可采用不考虑利润的报价方法，以获得中标机会。无利润报价法通常在下列情形时采用。

（1）有可能在中标后，将大部分工程分包给索价较低的一些分包商。

（2）对于分期建设的工程项目，先以低价获得首期工程，而后赢得机会创造第二期工程中的竞争优势，并在以后的工程实施中获得盈利。

（3）较长时期内，投标单位没有在建工程项目，如果再不中标，难以维持生存。因此，虽然本工程无利可图，但只要能有一定的管理费维持公司的日常运转，可设法渡过暂时困难，以图将来东山再起。

4. 突然降价法

突然降价法是指先按一般情况报价或表现出自己对该工程兴趣不大，等快到投标截止时，再突然降价。采用突然降价法可以迷惑对手，提高中标概率。但对投标单位的分析判断和决策能力要求很高，要求投标单位能全面掌握和分析信息，作出正确判断。

5. 其他报价技巧

（1）计日工单价的报价。如果是单纯报计日工单价，且不计入总报价中，可报高些，以便在建设单位额外用工或使用施工机械时多盈利；如果计日工单价要计入总报价，则需具体分析是否报高价，以免抬高总报价。总之，要分析建设单位在开工后可能使用的计日工数量，再来确定报价策略。

（2）暂定金额的报价。暂定金额的报价有以下三种情形。

①招标单位规定了暂定金额的分项内容和暂定总价款，并规定所有投标单位必须在总报价中加入这笔固定金额，但由于分项工程量不很准确，允许将来按投标单位所报单价和实际完成的工程量付款。这种情况下，由于暂定总价款是固定的，对各投标单位的总报价水平竞争力没有任何影响，因此，投标时应适当提高暂定金额的单价。

②招标单位列出了暂定金额的项目和数量，但并没有限制这些工程量的估算总价，要求投标单位既列出单价，也应按暂定项目的数量计算总价，当将来结算付款时可按实际完成的工程量和所报单价支付。这种情况下，投标单位必须慎重考虑。如果单价定得高，与其他工程量计价一样，将增大总报价，影响投标报价的竞争力；如果单价定得

低，将来这类工程量增大，会影响收益。一般这类工程量可以采用正常价格。如果投标单位估计今后实际工程量肯定会增大，则可适当提高单价，以在将来增加额外收益。

③只有暂定金额的一笔固定总金额，将来这笔金额做什么用，由招标单位确定。这种情况对投标竞争没有实际意义，按招标文件要求将规定的暂定金额列入总报价即可。

（3）可供选择项目的报价。有些工程项目的分项工程，招标单位可能要求按某一方案报价，而后提供几种可供选择方案的比较报价。投标时，应对不同规格情况下的价格进行调查，对于将来有可能被选择使用的规格应适当提高其报价；对于技术难度大或其他原因导致的难以实现的规格，可将价格有意抬高得更多一些，以阻挠招标单位选用。但是，所谓"可供选择项目"，是招标单位选择，并非由投标单位任意选择。因此，适当提高可供选择项目的报价不意味着肯定可以取得较好的利润，只是提供了一种可能性，一旦招标单位今后选用，投标单位才可得到额外利益。

（4）增加建议方案。招标文件中有时规定可提一个建议方案，即可以修改原设计方案，提出投标单位的方案。这时，投标单位应抓住机会，组织一批有经验的设计和施工工程师，仔细研究招标文件中的设计和施工方案，提出更为合理的方案吸引建设单位，促成自己的方案中标。这种新建议方案可以降低总造价或缩短工期，或使工程实施方案更为合理。但要注意：对原招标方案也要报价。建议方案要比较成熟，具有较强的可操作性，但不要写得太具体，要保留方案的技术关键，防止招标单位将此方案交给其他投标单位。

（5）采用分包商的报价。总承包商通常应在投标前取得分包商的报价，并增加总承包商摊入的管理费，将其作为自己投标总价的一个组成部分一并列入报价单中。应当注意：分包商在投标前可能同意接受总承包商压低其报价的要求，但等总承包商中标后，他们常以种种理由要求提高分包价格，使总承包商处于十分被动的地位。为此，总承包商应在投标前找几家分包商分别报价，然后选择其中一家信誉较好、实力较强和报价合理的分包商签订协议，同意该分包商作为分包工程的唯一合作者，并将分包商的姓名列入投标文件中，但要求该分包商相应地提交投标保函。如果该分包商认为总承包商确实有可能中标，也许愿意接受这一条件。这种将分包商的利益与投标单位捆在一起的做法，不但可以防止分包商事后反悔和涨价，还可能迫使分包商报出较合理的价格，以便共同争取中标。

（6）许诺优惠条件。投标报价中附带优惠条件是一种行之有效的手段。招标单位在评标时，除了主要考虑报价和技术方案外，还要分析其他条件，如工期、支付条件等。因此，在投标时主动提出提前竣工、低息贷款、赠给施工设备、免费转让新技术或某种技术专利、免费技术协作、代为培训人员等，均是吸引招标单位、利于中标的辅助手段。

6.5 开标、评标与中标

6.5.1 开标

1. 开标的时间和地点

《中华人民共和国招标投标法》（2017 年修改）第三十四条规定，开标应当在招标文件确定的提交投标文件截止时间的同一时间公开进行。这样的规定是为了避免投标中的舞弊行为。

在有些情况下，可以暂缓或者推迟开标时间：招标文件发售后对原招标文件做了变更或者补充；开标前发现有影响招标公正性的不正当行为；出现突发事件等。

开标地点应当为招标文件中预先确定的地点。招标人应当在招标文件中对开标地点作出明确、具体的规定，以便投标人及有关方面按照招标文件规定的开标时间到达开标地点。

2. 开标的形式

开标的形式主要有公开开标、有限开标和秘密开标三种。

（1）公开开标。邀请所有投标人参加开标仪式，其他愿意参加者也不受限制，当众公开开标。

（2）有限开标。只邀请投标人和有关人员参加开标仪式，其他无关人员不得参加，当众公开开标。

（3）秘密开标。开标只有负责招标的成员参加，不允许投标人参加。一般做法是指定时间交投标文件，递交投标文件后，招标人将开标的名次结果通知投标人，不公开标价，其目的是不暴露投标人的准确报价数字。这种方式多用于设备招标。

采用何种方式应由招标机构和评标小组决定。目前我国主要采用公开招标。

3. 开标的参会人员

开标由招标人或者招标代理人主持，邀请所有投标人参加。投标人单位的法定代表人或授权代表未参加开标会议的视为自动弃权。投标人少于 3 个的，不得开标，招标人应当重新招标。投标人对开标有异议的，应当在开标现场提出，招标人当场作出答复，并制作记录。

4. 开标的一般程序

（1）投标人签到。签到记录是投标人是否出席开标会议的证明。

（2）招标人主持开标会议。主持人介绍参加开标会议的单位、人员及工程项目的有关情况；宣布开标人员名单、招标文件规定的评标定标的办法和标底。开标主持人检查各投标单位法定代表人或其他指定代表人的证件、委托书，确认无误。

（3）项目开标

①检验各标书的密封情况。由投标人或其推选的代表检查各标书的密封情况，也可以由公证人员检查并公证。

②唱标。经检验确认各标书密封无异常情况后，按投递标书的先后顺序或逆顺序，当众拆封投标文件，宣读投标人名称、投标价格和标书的其他主要内容。投标截止时间前收到的所有投标文件应当众予以拆封和宣读。

③开标过程记录。开标过程应当做好记录，并存档备案。投标人也应做好记录，以收集竞争对手的信息资料。

④宣布无效的投标文件。有下列情形之一的，评标委员会应当否决其投标：

a. 投标文件未经投标单位盖章和单位负责人签字；

b. 投标联合体没有提交共同投标协议；

c. 投标人不符合国家或者招标文件规定的资格条件；

d. 同一投标人提交两个以上不同的投标文件或者投标报价，但招标文件要求提交备选投标的除外；

e. 投标报价低于成本或者高于招标文件设定的最高投标限价；

f. 投标文件没有对招标文件的实质性要求和条件作出响应；

g. 投标人有串通投标、弄虚作假、行贿等违法行为。

⑤开标记录记载事项。开标记录一般应记载下列事项：有案号的记录其案号；招标项目的名称及数量摘要；投标人的名称；投标报价；开标日期；其他必要的事项等，由主持人和专家签字确认。

5. 招标人不予受理的投标

投标文件出现逾期送达或未送达指定地点、未按招标文件要求密封等情形的，招标人不予受理。

6.5.2　评标

1. 评标机构

《中华人民共和国招标投标法》（2017年修改）第三十七条规定，评标由招标人依法组建的评标委员会负责。依法必须招标的项目，其评标委员会由招标人的代表和有关技术、经济等方面的专家组成，成员人数为5人以上的单数，其中，技术、经济等方面的专家不得少于成员总数的2/3。技术、经济等专家应当从事相关领域工作满8年且具有高级职称或具有同等专业水平，由招标人从国务院有关部门或省、自治区、直辖市人民政府有关部门提供的专家名册或者招标代理机构的专家库内的相关专业的专家名单中确定。一般招标项目可以采取随机抽取方式，特殊招标项目可以由招标人直接确定。与投标人有利害关系的人不得进入相关项目的评标委员会，已经进入的应当更换。评标委员会成员的名单在中标结果确定前应当保密。

2. 评标的保密性与独立性

招标人应当采取必要措施，保证评标在严格保密的情况下进行。所谓评标的严格保密，是指评标在封闭状态下进行，评标委员会在评标过程中有关检查、评审和授标的建议等情况均不得向投标人或与该程序无关的人员透露。

由于招标文件中对评标的标准和方法进行了规定，列明了价格因素和价格因素之外的评标因素及其量化计算方法，因此，所谓评标保密，并不是在这些标准和方法之外另搞一套标准和方法进行评审和比较，而是这个评审过程是招标人及其评标委员会的独立活动，有权对整个过程保密，以免投标人及其他有关人员知晓其中的某些意见、看法或决定而想方设法干扰评标活动进行，也可以制止评标委员会成员对外泄露和沟通有关情况，以免造成评标不公平。

3. 投标文件的澄清和说明

评标时，评标委员会可以要求投标人对投标文件中含义不明确的内容进行必要的澄清或者说明，比如投标文件有关内容前后不一致，明显打字（书写）错误或纯属计算上的错误等，评标委员会应通知投标人作出澄清或说明，以确认其正确的内容。澄清的要求和投标人的答复均应采用书面形式，且投标人的答复必须经法定代表人或授权代表人签字，作为投标文件的组成部分。

但是，投标人的澄清或说明仅仅是对上述情形的解释和补正，不得有下列行为。

（1）超出投标文件的范围。比如：投标文件中没有规定的内容，澄清时候加以补充；投标文件提出的某些承诺条件与解释不一致；等等。

（2）改变或谋求、提议改变投标文件中的实质性内容。所谓实质性内容是指改变投标文件中的报价、技术规格或参数、主要合同条款等内容。这种实质性内容的改变，其目的是使不符合要求的或竞争力较差的投标变成竞争力较强的投标。实质性内容的改变将引起不公平的竞争，因此是不允许发生的。

在实际操作中，部分地区采取"询标"的方式来要求投标单位进行澄清和解释。询标一般由受委托的中介机构来完成，通常包括审标、提出书面询标报告、质询与解答、提交书面询标经济分析报告等环节。提交的书面询标经济分析报告将作为评标委员会评标的参考，有利于评标委员会成员在较短的时间内完成对投标文件的审查、评审和比较。

4. 评标原则和程序

为保证评标的公正性、公平性，评标必须按照招标文件确定的评标标准、步骤和方法，不得采用招标文件中未列明的任何评标标准和方法，也不得改变招标确定的评标标准和方法。设有标底的，应当参考标底。评标委员会完成评标后，应当向招标人提交书面评标报告，并推荐合格的中标候选人。招标人根据评标委员会提出的书面评标报告和推荐的中标候选人确定中标人。招标人也可授权评标委员会直接确定中标人。对于大型项目设备承包的评标工作最多不超过 30d。

（1）评标原则。评标只对有效投标进行评审。在建设工程中，评标应遵循竞争优选、公正、公平、科学合理，价格合理、保证质量、工期，反不正当竞争，规范性与灵活性相结合的原则。

（2）评标程序。评标程序一般分为初步评审和详细评审两个阶段。

①初步评审。初步评审包括对投标文件的符合性评审、技术性评审和商务性评审。

a. 符合性评审：包括商务符合性评审和技术符合性鉴定。投标文件应实质性响应招标文件的所有条款、条件，无显著差异和保留。所谓显著差异和保留，包括以下情况：对工程的范围、质量以及使用性能产生实质性影响；对合同中规定的招标单位的权利及投标单位的责任造成实质性限制；而且纠正这种差异或保留，会对其他实质性响应的投标单位的竞争地位产生不公正的影响。

b. 技术性评审：包括方案可行性评审和关键工序评审，劳务、材料、机械设备、质量控制措施评估以及对施工现场周围环境污染的保护措施的评估等。

c. 商务性评审：包括投标报价校核，审查全部报价数据计算的正确性，分析报价构成的合理性等。

初步评审中，评标委员应当根据招标文件，审查并逐项列出投标文件的全部投标偏差。投标偏差分为重大偏差和细微偏差。出现重大偏差视为未能实质性响应招标文件，作废标处理。细微偏差指实质上响应招标文件要求，但在个别地方存在漏项或者提供了不完整的技术信息和资料等情况，且补正这些遗漏或不完整不会对其他投标人造成不公正的结果。细微偏差不影响投标文件的有效性。

②详细评审。经过初步评审合格的投标文件，评标委员会应当根据招标文件确定的评标标准和方法，对其技术部分和商务部分做进一步评审、比较。

5．评标方法

评标方法是运用评标标准评审、比较投标的具体方法。评审方法一般包括综合评估法、经评审的最低投标价法和法律法规允许的其他评标方法。

综合评估法是指对投标文件提出的工程质量、施工工期、投标价格、施工组织设计或者施工方案、投标人及项目经理业绩等，能够最大限度地满足招标文件中规定的各项综合评价标准进行评审和比较。

经评审的最低投标价法即能够满足招标文件的各项要求，投标价格最低的投标即可中选投标。在采取这种方法选择中标人时，必须注意投标价不得低于成本。这里的成本应该理解为招标人自己的个别成本，而不是社会平均成本。投标人以低于社会平均成本但不低于其个别成本的价格投标，则应该受到保护和鼓励。经评审的最低投标价法一般适用于具有通用技术、性能标准或者招标人对其技术、性能没有特殊要求的招标项目。

6．否决所有投标

评标委员经评审，认为所有投标都不符合招标文件要求，可以否决所有投标。所有投标被否决的，招标人应当按照招标投标法的规定重新招标。在重新招标前，一定要分析所有投标都不符合招标文件要求的原因。因为导致所有投标都不符合招标文件要求的原因，往往是招标文件的要求过高或不符合实际而造成的。在这种情况下，一般需要修改招标文件后重新招标。

6.5.3 中标

1．中标单位的确定

对使用国有资金投资或者国家融资的项目，招标单位应确定排名第一的中标候选人为中标单位。排名第一的中标候选人放弃中标，因不可抗力提出不能履行合同，或者招标文件规定应当提交履约保证金而在规定的期限内未能提交的，招标单位可确定排名第二的中标候选人为中标单位。排名第二的中标候选人因上述同样原因不能签订合同的，招标单位可以确定排名第三的中标候选人为中标单位。招标单位也可授权评标委员会直接确定中标单位。

2．中标通知

中标单位确定后，招标单位应向中标单位发出中标通知书，并同时将中标结果通知所有未中标的投标单位。中标通知书对招标单位和中标单位具有法律效力。中标通知书发出后，招标单位改变中标结果，或者中标单位放弃中标项目的，应当依法承担法律责任。

3．签订施工合同

（1）履约担保。在签订合同前，中标单位以及联合体中标人应按招标文件规定的金额、担保形式和履约担保格式，向招标单位提交履约担保。履约担保一般采用银行保函和履约担保书的形式，履约担保金额一般为中标价的 10%。中标单位不能按要求提交履约担保的，视为放弃中标，其投标保证金不予退还，给招标单位造成的损失超过投标保证金数额的，中标单位还应对超过部分予以赔偿。中标后的承包商应保证其履约担保在建设单位颁发工程接收证书前一直有效。建设单位应在工程接收证书颁发后 28d 内将履约担保退还给承包商。

（2）签订合同。招标单位与中标单位应自中标通知书发出之日起 30d 内，根据招标文件和中标单位的投标文件订立书面合同。一般情况下，中标价就是合同价。招标单位与中标单位不得再行订立背离合同实质性内容的其他协议。

为了在施工合同履行过程中对工程造价实施有效管理，合同双方应在合同条款中对涉及工程价款结算的下列事项进行约定：预付工程款的数额、支付时限及抵扣方式；工程进度款的支付方式、数额及时限；工程施工中发生变更时，工程价款的调整方法、索赔方式、时限要求及金额支付方式；发生工程价款纠纷的解决方法；约定承担风险的范围和幅度，以及超出约定范围和幅度的调整办法；工程竣工价款的结算与支付方式、数额及时限；工程质量保证（保修）金的数额、预扣方式及时限；安全措施和意外伤害保险费用；工期及工期提前或延后的奖惩办法；与履行合同、支付价款相关的担保事项等。

中标单位无正当理由拒签合同的，招标单位取消其中标资格，其投标保证金不予退还。发出中标通知书后，招标单位无正当理由拒签合同的，招标单位向中标单位退还投标保证金；给中标单位造成损失的，还应当赔偿损失。招标单位与中标单位签订合同后 5 个工作日内，应当向中标单位和未中标的投标单位退还投标保证金。

7 建设项目施工阶段造价控制

7.1 施工阶段工程合同管理

7.1.1 工程施工合同管理

工程施工合同是指建设单位与施工单位之间为完成工程施工任务，明确双方义务和责任的协议。根据工程施工合同，施工单位作为承包人，应完成合同约定的工程施工、设备安装任务；建设单位作为发包人，应提供必要的施工条件并支付工程价款。

1. 工程施工合同订立

建设单位通过招标等方式确定工程施工单位后，需要通过谈判明确工程施工合同相关内容，就合同各项条款进行协商并取得一致意见。工程施工合同也应采用书面形式约定双方的义务和违约责任，且通常也会参照国家推荐使用的示范文本。

我国工程施工合同示范文本有多种，其中影响较大、应用广泛的是《中华人民共和国标准施工招标文件》（2013年修订）中的合同条款及格式。该合同条款及格式明确，施工合同条款由通用合同条款和专用合同条款两部分组成，同时规定了合同协议书、履约担保和预付款担保的文件格式。

（1）通用合同条款。通用合同条款是以发包人委托监理人管理工程合同的模式设定合同当事人的义务和责任，区别于由发包人和承包人双方直接进行约定和操作的合同管理模式。通用合同条款同时适用于单价合同和总价合同，合同条款中涉及单价合同和总价合同的，招标人在编制招标文件时，应根据各行业和具体工程的不同特点和要求修改和补充。

通用合同条款参考国际咨询工程师联合会（Fédération Internationale Des Ingénieurs Conseils，法文缩写为"FIDIC"）有关合同条件，明确规定了24个方面的内容，包括：一般约定；发包人义务；监理人；承包人；材料和工程设备；施工设备和临时设施；交通运输；测量放线；施工安全、治安保卫和环境保护；进度计划；开工和竣工；暂停施工；工程质量；试验和检验；变更；价格调整；计量与支付；竣工验收；缺陷责任与保修责任；保险；不可抗力；违约；索赔；争端解决。

（2）专用合同条款。专用合同条款是发包人和承包人双方根据工程具体情况对通用合同条款的补充、细化，除通用合同条款中明确专用合同条款可作出不同约定外，补充和细化的内容不得与通用合同条款规定的内容相抵触。

（3）合同文件的优先解释顺序。组成合同的各项文件应互相解释、互为说明。除专用合同条款另有约定外，解释合同文件的优先顺序如下：①合同协议书；②中标通知书；③投标函及投标函附录；④专用合同条款；⑤通用合同条款；⑥技术标准和要求；

⑦图纸；⑧已标价工程量清单；⑨其他合同文件。

2. 工程施工合同履行

（1）发包人义务。发包人在合同履行过程中的一般义务包括以下几个方面。

①在履行合同过程中应遵守法律，并保证承包人免于承担因发包人违反法律而引起的任何责任。

②应委托监理人按合同约定的时间向承包人发出开工通知。

③应按专用合同条款的约定向承包人提供施工场地，以及施工场地内地下管线和地下设施等有关资料，并保证资料的真实、准确、完整。

④应协助承包人办理法律规定的有关施工证件和批件。

⑤应根据合同进度计划，组织设计单位向承包人进行设计交底。

⑥应按合同约定向承包人及时支付合同价款。

⑦应按合同约定及时组织竣工验收。

⑧应履行合同约定的其他义务。

（2）承包人义务。承包人在合同履行过程中的一般义务包括以下几个方面。

①在履行合同过程中应遵守法律，并保证发包人免于承担因承包人违反法律而引起的任何责任。

②应按有关法律规定纳税，应缴纳的税金包括在合同价格内。

③应按合同约定以及监理人的指示，实施、完成全部工程，并修补工程中的任何缺陷，除专用合同条款另有约定外，承包人应提供为完成合同工作所需的劳务、材料、施工设备、工程设备和其他物品，并按合同约定负责临时设施的设计、建造、运行、维护、管理和拆除。

④应按合同约定的工作内容和施工进度要求，编制施工组织设计和施工措施计划，并对所有施工作业和施工方法的完备性和安全可靠性负责。

⑤应按合同约定采取施工安全措施，确保工程及其人员、材料、设备和设施的安全，防止因工程施工造成的人身伤害和财产损失。

⑥应按合同约定负责施工场地及其周边环境与生态的保护工作。

⑦在进行合同约定的各项工作时，不得侵害发包人与他人使用公用道路、水源、市政管网等公共设施的权利，避免对邻近的公共设施产生干扰。承包人占用或使用他人的施工场地，影响他人作业或生活的，应承担相应责任。

⑧应按监理人的指示为他人在施工场地或附近实施与工程有关的其他各项工作提供可能的条件。除合同另有约定外，提供有关条件的内容和可能发生的费用，由监理人按合同约定商定或确定。

⑨工程接收证书颁发前，承包人应负责照管和维护工程。工程接收证书颁发时尚有部分未竣工工程的，承包人还应负责该未竣工工程的照管和维护工作，直至竣工后移交给发包人为止。

⑩应履行合同约定的其他义务。

（3）违约情形

①发包人违约情形。在合同履行中发生下列情形的，属发包人违约：发包人未能按合同约定支付预付款或合同价款，或拖延、拒绝批准付款申请和支付凭证，导致付款延

误；发包人原因造成停工；监理人无正当理由没有在预定期限内发出复工指示，导致承包人无法复工；发包人无法继续履行或明确表示不履行或实质上已停止履行合同；发包人不履行合同约定的其他义务。

②承包人违约情形。在合同履行中发生下列情形的，属承包人违约：承包人违反合同约定，私自将合同的全部或部分权利转让给其他人，或私自将合同的全部或部分义务转移给其他人；承包人违反合同约定，未经监理人批准，私自将已按合同约定进入施工场地的施工设备、临时设施或材料撤离施工场地；承包人违反合同约定，使用了不合格材料或工程设备，工程质量达不到标准要求，又拒绝清除不合格工程；承包人未能按合同进度计划及时完成合同约定的工作，已造成或预期造成工期延误；承包人在缺陷责任期内，未能对工程接收证书所列的缺陷清单内容或缺陷责任期内发生的缺陷进行修复，而又拒绝按监理人指示再进行修补；承包人无法继续履行或明确表示不履行或实质上已停止履行合同；承包人不按合同约定履行义务的其他情形。

7.1.2 材料设备采购合同管理

材料设备采购合同是指买受人（以下简称"买方"）与出卖人（以下简称"卖方"）之间为实现材料设备买卖，明确双方义务和责任的协议。根据材料设备采购合同，材料设备供应商（卖方）应提供材料设备；建设单位或承包单位（买方）应接收材料设备并支付相应价款。

1. 材料设备采购合同订立

材料设备采购方通过招标、询价、直接采购等方式确定材料设备供应单位后，需要通过谈判明确材料设备采购合同相关内容，就合同各项条款进行协商并取得一致意见。材料设备采购合同也应采用书面形式约定双方的义务和违约责任，且在有条件的情况下也会使用标准合同格式。

（1）材料采购合同示范文本。根据《中华人民共和国标准材料采购招标文件》（2017 年版）中的合同条款及格式，材料采购合同条款由通用合同条款和专用合同条款两部分组成，同时规定了合同协议书、履约保证金格式。

①通用合同条款。通用合同条款包括：一般约定；合同范围；合同价格与支付；包装、标记、运输和交付；检验和验收；相关服务；质量保证期；履约保证金；保证；违约责任；合同解除；争议解决。共计 12 个方面。

②专用合同条款。专用合同条款是对通用合同条款的细化、完善、补充、修改或另行约定的条款。合同当事人可根据不同工程特点及具体情况，通过谈判、协商对相应通用合同条款进行修改、补充。

③合同文件解释顺序。合同协议书与下列文件一起构成合同文件：中标通知书；投标函；商务和技术偏差表；专用合同条款；通用合同条款；供货要求；分项报价表；中标材料质量标准的详细描述；相关服务计划；其他合同文件。

上述合同文件互相补充和解释。如果合同文件之间存在矛盾或不一致之处，以上述文件的排列顺序在先者为准。

（2）设备采购合同示范文本。根据《中华人民共和国标准设备采购招标文件》（2017 年版）中的合同条款及格式，设备采购合同条款由通用合同条款和专用合同条款两部分组成，同时规定了合同协议书、履约保证金格式。

①通用合同条款。通用合同条款包括：一般约定；合同范围；合同价格与支付；监造及交货前检验；包装、标记、运输和交付；开箱检验、安装、调试、考核、验收；技术服务；质量保证期；质保期服务；履约保证金；保证；知识产权；保密；违约责任；合同解除；不可抗力；争议解决。共计17个方面。

②专用合同条款。同"（1）材料采购合同示范文本"。

③合同文件解释顺序。同"（1）材料采购合同示范文本"。此外，还包括中标设备技术性能指标的详细描述；技术服务和质保期服务计划等合同文件。

上述合同文件互相补充和解释。如果合同文件之间存在矛盾或不一致之处，以上述文件的排列顺序在先者为准。

2. 材料设备采购合同履行

（1）材料采购合同履行。材料采购合同订立后，应予以全面、实际履行。

①卖方义务

a. 按约定标的履行。卖方交付的货物必须与合同规定的名称、品种、规格、型号相一致，除非买方同意，不允许以其他货物代替合同中规定的货物，也不允许以支付违约金或赔偿金的方式代替履行合同。

b. 按合同规定的期限、地点交付货物。交付货物的日期应在合同规定的交付期限内，实际交付的日期早于或迟于合同规定的交付期限，即视为同意延期交货。提前交付，买方可拒绝接受。逾期交付的，应当承担逾期交付责任。如果逾期交货，买方不再需要，应在接到卖方交货通知后约定时间内通知卖方，逾期不答复的，视为同意延期交货。交付地点应在合同指定地点。合同双方当事人应当约定交付标的物的地点，如果当事人没有约定交付地点或者约定不明确，事后没有达成补充协议，也无法按照合同有关条款或者交易习惯确定，则适用下列规定：标的物需要运输的，卖方应当将标的物交付给第一承运人以运交给买方；标的物不需要运输的，买卖双方在订立合同时知道标的物在某一地点的，卖方应当在该地点交付标的物；不知道标的物在某一地点的，应当在卖方合同订立时的营业地交付标的物。

c. 按合同规定的数量和质量交付货物。对于交付货物的数量应当场检验，清点账目后，由双方当事人签字。货物外在质量可当场检验，内在质量需做物理或化学试验的，以试验结果为验收依据。卖方在交货时，应将产品合格证随同产品交买方据以验收。买方在收到标的物时，应在约定的检验期内检验，没有约定检验期间的，应当及时检验。当事人约定检验期间的，买方应当在检验期间内将标的物的数量或者质量不符合约定的情形通知卖方。买方怠于通知的，视为标的物的数量或者质量符合约定。当事人没有约定检验期间的，买方应当在发现或者应当发现标的物的数量或者质量不符合约定的合理期间内通知卖方。买方在合理期间内未通知或者自标的物收到之日起两年内未通知卖方的，视为标的物的数量或者质量符合约定，但对标的物有质量保证期的，适用质量保证期，不适用两年有效的规定。卖方知道或者应当知道提供的标的物不符合约定的，买方不受前述规定通知时间的限制。

②买方义务。买方在验收材料后，应按合同规定履行支付义务，否则承担法律责任。

③违约责任。合同一方不履行合同义务、履行合同义务不符合约定或者违反合同项

下所作保证的，应向对方承担继续履行、采取补救措施或者赔偿损失等违约责任。

a. 卖方未能按时交付合同材料的，应向买方支付迟延交货违约金。卖方支付迟延交货违约金，不能免除其继续交付合同材料的义务。除专用合同条款另有约定外，迟延交付违约金计算方法如式（7.1）所示。

$$延迟交付违约金＝延迟交付材料金额×0.08\%×延迟交货天数 \tag{7.1}$$

迟延交付违约金的最高限额为合同价格的10%。

b. 买方未能按合同约定支付合同价款的，应向卖方支付延迟付款违约金。除专用合同条款另有约定外，迟延付款违约金的计算方法如式（7.2）所示。

$$延迟付款违约金＝延迟付款金额×0.08\%×延迟付款天数 \tag{7.2}$$

迟延付款违约金的总额不得超过合同价格的10%。

（2）设备采购合同履行

①交付货物。卖方应按合同规定，按时、按质、按量地履行供货义务，并做好现场服务工作，及时解决有关设备的技术质量、缺损件等问题。

②验收交货。买方对卖方交货应及时进行验收，依据合同规定，对设备的质量及数量进行核实检验，如有异议，应及时与卖方协商解决。

③结算。买方对卖方交付的货物检验没有发现问题，应按合同的规定及时付款；如果发现问题，在卖方及时处理达到合同要求后，也应及时履行付款义务。

④违约责任。合同一方不履行合同义务、履行合同义务不符合约定或者违反合同项下所作保证的，应向对方承担继续履行、采取修理、更换、退货等补救措施或者赔偿损失等违约责任。

a. 卖方未能按时交付合同设备（包括仅迟延交付技术资料但足以导致合同设备安装、调试、考核、验收工作推迟的），应向买方支付迟延交付违约金。迟延交付违约金的支付不能免除卖方继续交付相关合同设备的义务，但如迟延交付必然导致合同设备安装、调试、考核、验收工作推迟的，相关工作应相应顺延。除专用合同条款另有约定外，迟延交付违约金的计算方法如下：从迟交的第一周到第四周，每周迟延交付违约金为迟交合同设备价格的0.5%；从迟交的第五周到第八周，每周迟延交付违约金为迟交合同设备价格的1%；从迟交第九周起，每周迟延交付违约金为迟交合同设备价格的1.5%。在计算迟延交付违约金时，迟交不足一周的按一周计算。迟延交付违约金的总额不得超过合同价格的10%。

b. 买方未能按合同约定支付合同价款的，应向卖方支付迟延付款违约金。除专用合同条款另有约定外，迟延付款违约金的计算方法如下：从迟付的第一周到第四周，每周迟延付款违约金为迟延付款金额的0.5%；从迟付的第五周到第八周，每周迟延付款违约金为迟延付款金额的1%；从迟付第九周起，每周迟延付款违约金为迟延付款金额的1.5%。在计算迟延付款违约金时，迟付不足一周的按一周计算。迟延付款违约金的总额不得超过合同价格的10%。

7.1.3 工程总承包合同管理

工程总承包合同是指发包人与工程总承包单位之间为完成特定的工程总承包任务，明确双方义务和责任的协议。根据工程总承包合同，工程总承包单位作为承包人，应完成合同约定的工程设计、采购、施工等任务；发包人应提供必要的条件并支付合同价款。

1. 工程总承包合同订立

建设单位通过招标等方式确定工程总承包单位后，需要通过谈判明确工程总承包合同相关内容，就合同各项条款进行协商并取得一致意见。工程总承包合同也应采用书面形式约定双方的义务和违约责任，且通常也会参照国家推荐使用的示范文本。

根据《中华人民共和国标准设计施工总承包招标文件》（2012年版）确定合同条款及格式。设计施工总承包合同条款由通用合同条款和专用合同条款两部分组成，同时合同协议书、履约担保和预付款担保的文件格式有相应规定。

（1）通用合同条款。通用合同条款包括：一般约定；发包人义务；监理人；承包人；设计；材料和工程设备；施工设备和临时设施；交通运输；测量放线；安全、治安保卫和环境保护；开始工作和竣工；暂停工作；工程质量；试验和检验；变更；价格调整；合同价格与支付；竣工试验和竣工验收；缺陷责任与保修责任；保险；不可抗力；违约；索赔；争议解决。共计24个方面。

（2）专用合同条款。专用合同条款是合同双方当事人根据不同工程的具体情况，通过谈判、协商对相应通用条款的约定细化、完善、补充、修改或另行约定的条款。

（3）合同文件解释顺序。合同协议书与下列文件一起构成合同文件：中标通知书；投标函及投标函附录；专用合同条款；通用合同条款；发包人要求；价格清单；承包人建议；其他合同文件。

上述文件互相补充和解释，如有不明确或不一致之处，以合同约定顺序在先者为准。

2. 工程总承包合同履行

（1）发包人义务。发包人应履行的一般义务如下。

①遵守法律。发包人在履行合同过程中应遵守法律，并保证承包人免于承担因发包人违反法律而引起的任何责任。

②发出承包人开始工作通知。符合专用合同条款约定的开始工作条件的，发包人应委托监理人提前7d向承包人发出开始工作通知。工期自开始工作通知中载明的开始工作日期起计算。

③提供施工场地。发包人应按专用合同条款约定向承包人提供施工场地及进场施工条件，并明确与承包人的交接界面。

④办理证件和批件。法律规定和（或）合同约定由发包人负责办理的工程建设项目必须履行的各类审批、核准或备案手续，发包人应按时办理。法律规定和（或）合同约定由承包人负责的有关设计、施工证件和批件，发包人应给予必要的协助。

⑤支付合同价款。发包人应按合同约定向承包人及时支付合同价款。专用合同条款对发包人工程款支付担保有约定的，从其约定。

⑥组织竣工验收。发包人应按合同约定及时组织竣工验收。

⑦其他义务。发包人应履行合同约定的其他义务。

（2）承包人义务。承包人应履行的一般义务如下。

①遵守法律。承包人在履行合同过程中应遵守法律，并保证发包人免于承担因承包

人违反法律而引起的任何责任。

②依法纳税。承包人应按有关法律规定纳税，应缴纳的税金包括在合同价格内。

③完成各项承包工作。承包人应按合同约定以及监理人根据合同约定作出的指示，完成合同约定的全部工作，并对工作中的任何缺陷进行整改、完善和修补，使其满足合同约定的目的。除专用合同条款另有约定外，承包人应提供合同约定的工程设备和承包人文件，以及为完成合同工作所需的劳务、材料、施工设备和其他物品，并按合同约定负责临时设施的设计、施工、运行、维护、管理和拆除。

④对设计、施工作业和施工方法，以及工程的完备性负责。承包人应按合同约定的工作内容和进度要求，编制设计、施工的组织和实施计划，并对所有设计、施工作业和施工方法，以及全部工程的完备性和安全可靠性负责。

⑤保证工程施工和人员的安全。承包人应按合同约定采取施工安全措施，确保工程及其人员、材料、设备和设施的安全，防止因工程施工造成的人身伤害和财产损失。

⑥负责施工场地及其周边环境与生态的保护工作。承包人应按合同约定负责施工场地及其周边环境与生态的保护工作。

⑦避免施工对公众与他人的利益造成损害。承包人在进行合同约定的各项工作时，不得侵害发包人与他人使用公用道路、水源、市政管网等公共设施的权利，避免对邻近的公共设施产生干扰。承包人占用或使用他人的施工场地，影响他人作业或生活的，应承担相应责任。

⑧为他人提供方便。承包人应按监理人的指示为他人在施工场地或附近实施与工程有关的其他各项工作提供可能的条件。除合同另有约定外，提供有关条件的内容和可能发生的费用，由监理人商定或确定。

⑨工程的维护和照管。工程接收证书颁发前，承包人应负责照管和维护工程。工程接收证书颁发时尚有部分未竣工工程的，承包人还应负责该未竣工工程的照管和维护工作，直至竣工后移交给发包人。

⑩其他义务。承包人应履行合同约定的其他义务。

（3）违约情形

①发包人违约情形。在合同履行中发生下列情形的，属发包人违约：发包人未能按合同约定支付价款，或拖延、拒绝批准付款申请和支付凭证，导致付款延误；发包人原因造成停工；监理人无正当理由没有在约定期限内发出复工指示，导致承包人无法复工；发包人无法继续履行、明确表示不履行或实质上已停止履行合同；发包人不履行合同约定的其他义务。

②承包人违约情形。在履行合同中发生下列情形的，属承包人违约：承包人的设计、承包人文件、实施和竣工的工程不符合法律以及合同约定；承包人违反合同约定，私自将合同的全部或部分权利转让给其他人，或私自将合同的全部或部分义务转移给其他人；承包人违反合同约定，未经监理人批准，私自将已按合同约定进入施工场地的施工设备、临时设施或材料撤离施工场地；承包人违反合同约定使用了不合格材料或工程设备，工程质量达不到标准要求，又拒绝清除不合格工程；承包人未能按合同进度计划及时完成合同约定的工作，造成工期延误；由于承包人原因未能通过竣工试验或竣工后试验；承包人在缺陷责任期内，未能对工程接收证书所列的缺陷清单的内容或缺陷责任

期内发生的缺陷进行修复，而又拒绝按监理人指示再进行修补；承包人无法继续履行、明确表示不履行或实质上已停止履行合同；承包人不按合同约定履行义务的其他情况。

7.2 工程变更与合同价款调整

7.2.1 工程变更的概念

工程变更包括设计变更、进度计划变更、施工条件变更以及原招标文件和工程量清单中未包括的"新增工程"。工程变更产生的原因，一方面是主观原因，如勘察设计工作粗糙，以致在施工过程中发现许多招标文件中没有考虑或估算不准的工程量，因而不得不改变施工项目或增建工程量；另一方面是客观原因，如发生不可预见的事故，自然或社会原因引起的停工和工期拖延等，致使工程变更不可避免。

根据《建设工程施工合同（示范文本）》（CF-2017-0201）的规定，除专用合同条款另有约定外，合同履行过程中发生以下情形的，应按照本条约定进行变更：

（1）增加或减少合同中任何工作，或追加额外的工作。

（2）取消合同中任何工作，但转由他人实施的工作除外。

（3）改变合同中任何工作的质量标准或其他特性。

（4）改变工程的基线、标高、位置和尺寸。

（5）改变工程的时间安排或实施顺序。

施工中，承包人不得对原工程设计进行变更。因承包人擅自变更设计发生的费用和由此导致发包人的直接损失，由承包人承担，延误的工期不予顺延。

7.2.2 工程变更的处理

关于工程变更的处理，先确认工程变更，再按程序处理。

1. 工程变更的确认

由于工程变更会带来工程造价和工期的变化，为了有效地控制造价，无论任何一方提出工程变更，均需由工程师确认并签发工程变更指令。当工程变更发生时，要求工程师及时处理并确认变更的合理性。一般过程是提出工程变更→分析提出的工程变更对项目目标的影响→分析有关的合同条款和会议、通信记录，初步确定处理变更所需的费用、时间范围和质量要求（向业主提交变更评估报告）→确认工程变更。

2. 工程变更的处理程序

施工中发包人（建设单位）需对原工程设计进行变更，根据《建设工程施工合同（示范文本）》（CF-2017-0201）的规定，应提前14d以书面形式向承包人发出变更通知。变更超过原设计标准或批准的建设规模时，须经原规划管理部门和其他有关部门重新审查批准，并由原设计单位提供变更的相应图纸和说明。发包人办妥上述事项后，承包人根据发包人变更通知并按工程师要求进行变更。因变更导致合同价款的增减及造成的承包人损失，由发包人承担，延误的工期相应顺延。合同履行中发包人要求变更工程质量标准及发生其他实质性变更，由双方协商解决。

承包人（施工合同中的乙方）要求对原工程进行变更，具体规定如下。

（1）施工中，承包人不得对原工程设计进行变更。因承包人擅自变更设计发生的费用和由此导致发包人的直接损失，由承包人承担，延误的工期不予顺延。

（2）承包人在施工中提出的合理化建议涉及对设计图纸或施工组织设计的更改及对原材料、设备的换用，须经工程师同意。未经同意擅自更改或换用时，承包人承担由此发生的费用，并赔偿发包人的有关损失，延误的工期不予顺延。

（3）工程师同意采用承包人合理化建议，所发生的费用和获得的收益，发包人、承包人另行约定分担或分享。

由施工条件引起变更的处理：施工条件的变更，往往是指未能预见的现场条件或不利的自然条件，即在施工中实际遇到的现场条件同招标文件中描述的现场条件有本质的差异，使承包人向业主提出施工单价和施工时间的变更要求。

在施工实践中，控制由于施工条件变化所引起的合同价款变化，主要是把握施工单价和施工工期的科学性、合理性。因为在施工合同条款的理解方面，对施工条件的变更没有十分严格的定义，往往会造成合同双方各执一词，所以应充分做好现场记录资料和试验数据的收集整理工作，使以后在合同价款的处理方面更具有科学性和说服力。

7.2.3 合同价款调整

在工程施工阶段，由于项目实际情况的变化，发承包双方在施工合同中约定的合同价款可能出现变动。为合理分配双方的合同价款变动风险，有效地控制工程造价，发承包双方应当在施工合同中明确约定合同价款的调整事件、调整方法及调整程序。影响合同价款调整的因素有以下几种。

1. 法规变化合同价款的调整

为了合理划分发承包双方的合同风险，施工合同中应当约定一个基准日。对于基准日之后发生的、作为一个有经验的承包人在招标投标阶段不可能合理预见的风险，应当由发包人承担。对于实行招标的建设工程，一般以施工招标文件中规定的提交投标文件的截止时间前的第 28d 作为基准日；对于不实行招标的建设工程，一般以建设工程施工合同签订前的第 28d 作为基准日。

施工合同履行期间，国家颁布的法律、法规、规章和有关政策在合同工程基准日之后发生变化，且因执行相应的法律、法规、规章和有关政策引起工程造价发生增减变化的，合同双方当事人应当依据法律、法规、规章和有关政策的规定调整合同价款。但是，如果有关价格（如人工、材料和工程设备等价格）的变化已经包含在物价波动事件的调价公式中，则不再予以考虑。

2. 项目特征描述不符

项目特征描述是确定综合单价的重要依据之一，承包人在投标报价时，应依据发包人提供的招标工程量清单中的项目特征描述，确定其清单项目的综合单价。发包人在招标工程量清单中对项目特征的描述，应被认为是准确的和全面的，并且与实际施工要求相符合。承包人应按照发包人提供的招标工程量清单，根据其项目特征描述的内容及有关要求实施合同工程，直到其被改变为止。

承包人应按照发包人提供的设计图纸实施合同工程，若在合同履行期间，出现设计图纸（含设计变更）与招标工程量清单任一项目的特征描述不符，且该变化引起该项目的工程造价增减变化的，发承包双方应当按照实际施工的项目特征，重新确定相应工程量清单项目的综合单价，调整合同价款。

3. 招标工程量清单缺项

招标工程量清单必须作为招标文件的组成部分，其准确性和完整性由招标人负责。因此，招标工程量清单是否准确和完整，其责任应当由提供工程量清单的发包人负责，作为投标人的承包人不应承担因工程量清单的缺项、漏项以及计算错误带来的风险与损失。

（1）分部分项工程费的调整。施工合同履行期间，由于招标工程量清单中分部分项工程出现缺项、漏项，造成新增工程清单项目的，应按照工程变更事件中关于分部分项工程费的调整方法调整合同价款。

（2）措施项目费的调整。由于招标工程量清单中分部分项工程出现缺项、漏项引起措施项目发生变化的，应当按照工程变更事件中关于措施项目费的调整方法，在承包人提交的实施方案被发包人批准后，调整合同价款；由于招标工程量清单中措施项目缺项，承包人应将新增措施项目实施方案提交发包人批准后，按照工程变更事件中的有关规定调整合同价款。

4. 工程量偏差

工程量偏差是指承包人根据发包人提供的图纸（包括由承包人提供经发包人批准的图纸）施工，按照现行国家计量规范规定的工程量计算规则，计算得到的完成合同工程项目应予计量的工程量与相应的招标工程量清单项目列出的工程量之间出现的量差。

施工合同履行期间，若应予计算的实际工程量与招标工程量清单列出的工程量出现偏差，或者因工程变更等非承包人原因导致工程量偏差，该偏差对工程量清单项目的综合单价将产生影响，是否调整综合单价以及如何调整，发承包双方应当在施工合同中约定。如果合同中没有约定或约定不明的，可以按以下原则办理。

（1）综合单价的调整原则。当应予计算的实际工程量与招标工程量清单出现偏差（包括因工程变更等原因导致的工程量偏差）超过15%时，对综合单价的调整原则为：当工程量增加15%以上时，其增加部分的工程量的综合单价应予调低；当工程量减少15%以上时，减少后剩余部分的工程量的综合单价应予调高。至于具体的调整方法，则应由双方当事人在合同专用条款中约定。

（2）措施项目费的调整。当应予计算的实际工程量与招标工程量清单出现偏差（包括因工程变更等原因导致的工程量偏差）超过15%，且该变化引起措施项目相应发生变化，如该措施项目是按系数或单一总价方式计价的，对措施项目费的调整原则为：工程量增加的，措施项目费调增；工程量减少的，措施项目费调减。具体的调整方法同样由双方当事人在合同专用条款中约定。

5. 计日工

采用计日工计价的任何一项变更工作，承包人应在该项变更的实施过程中，按合同约定提交以下报表和有关凭证送发包人复核：①工作名称、内容和数量；②投入该工作所有人员的姓名、专业、工种、级别和耗用工时；③投入该工作的材料类别和数量；④投入该工作的施工设备型号、台数和耗用台时；⑤发包人要求提交的其他资料和凭证。

任一计日工项目实施结束，承包人应按照确认的计日工现场签证报告核实该类项目的工程数量，并根据核实的工程数量和承包人已标价工程量清单中的计日工单价计算，提出应付价款；已标价工程量清单中没有该类计日工单价的，由发承包双方按工程变更的有关规定商定计日工单价计算。

每个支付期末，承包人应与进度款同期向发包人提交本期间所有计日工记录的签证汇总表，以说明本期间自己认为有权得到的计日工金额，调整合同价款，列入进度款支付。

6. 暂估价

暂估价是指招标人在工程量清单中提供的用于支付必然发生但暂时不能确定价格的材料、工程设备的单价以及专业工程的金额。

（1）给定暂估价的材料、工程设备。对于不属于依法必须招标的项目，发包人在招标工程量清单中给定暂估价的材料和工程设备不属于依法必须招标的，由承包人按照合同约定采购，经发包人确认后，以此为依据取代暂估价，调整合同价款。

对于属于依法必须招标的项目，发包人在招标工程量清单中给定暂估价的材料和工程设备属于依法必须招标的，由发承包双方以招标的方式选择供应商。依法确定中标价格后，以此为依据取代暂估价，调整合同价款。

（2）给定暂估价的专业工程。对于不属于依法必须招标的项目，发包人在工程量清单中给定暂估价的专业工程不属于依法必须招标的，应按照前述工程变更事件的合同价款调整方法，确定专业工程价款，并以此为依据取代专业工程暂估价，调整合同价款。

对于属于依法必须招标的项目，发包人在招标工程量清单中给定暂估价的专业工程，依法必须招标的，应当由发承包双方依法组织招标选择专业分包人，并接受有管辖权的建设工程招标投标管理机构的监督。

承包人不参加投标的专业工程，应由承包人作为招标人，但拟定的招标文件、评标方法、评标结果应报送发包人批准。与组织招标工作有关的费用应当被认为已经包括在承包人的签约合同价（投标总报价）中。

承包人参加投标的专业工程，应由发包人作为招标人，与组织招标工作有关的费用由发包人承担。同等条件下，应优先选择承包人中标。

专业工程依法进行招标后，以中标价为依据取代专业工程暂估价，调整合同价款。

7. 现场签证

现场签证是指发包人或其授权现场代表（包括工程监理人、工程造价咨询人）与承包人或其授权现场代表就施工过程中涉及的责任事件所作的签认证明。施工合同履行期间出现现场签证事件的，发承包双方应调整合同价款。

（1）现场签证的提出。承包人应发包人要求完成合同以外的零星项目、非承包人责任事件等工作的，发包人应及时以书面形式向承包人发出指令，提供所需的相关资料；承包人在收到指令后，应及时向发包人提出现场签证要求。

承包人在施工过程中若发现合同工程内容因场地条件、地质水文、发包人要求等不一致时，应提供所需的相关资料，据交发包人签证认可，作为合同价款调整的依据。

（2）现场签证报告的确认。承包人应在收到发包人指令后的7d内，向发包人提交现场签证报告，发包人应在收到现场签证报告后的48h内对报告内容进行核实，予以确认或提出修改意见。发包人在收到承包人现场签证报告后的48h内未确认也未提出修改意见的，视为承包人提交的现场签证报告已被发包人认可。

（3）现场签证报告的要求。现场签证的工作如果已有相应的计日工单价，现场签证报告中仅列明完成该签证工作所需的人工、材料、工程设备和施工机具台班的数量。

如果现场签证的工作没有相应的计日工单价，应当在现场签证报告中列明完成该签证工作所需的人工、材料、工程设备和施工机具台班的数量及其单价。

现场签证工作完成后的7d内，承包人应按照现场签证内容计算价款，报送发包人确认后，作为增加合同价款，与进度款同期支付。

8. 物价波动

施工合同履行期间，因人工、材料、工程设备和施工机具台班等价格波动影响合同价款时，发承包双方可以根据合同约定的调整方法调整合同价款。因物价波动引起的合同价款调整方法有两种：一种是采用价格指数调整价格差额，另一种是采用造价信息调整价格差额。承包人采购材料和工程设备的，应在合同中约定主要材料、工程设备价格变化的范围或幅度，如没有约定，则材料、工程设备单价变化超过5%时，超过部分的价格按上述两种方法之一进行调整。

（1）采用价格指数调整价格差额。采用价格指数调整价格差额的方法，主要适用于施工中所用的材料品种较少，但每种材料使用量较大的土木工程，如公路、水坝等。

①价格调整公式。因人工、材料、工程设备和施工机具台班等价格波动影响合同价款时，根据投标函附录中的价格指数和权重表约定的数据，按价格调整公式（7.3）计算差额并调整合同价款。

$$\Delta P = P_0 \left[A + \left(B_1 \times \frac{F_{t1}}{F_{01}} + B_2 \times \frac{F_{t2}}{F_{02}} + B_3 \times \frac{F_{t3}}{F_{03}} + \cdots B_n \times \frac{F_{tn}}{F_{0n}} \right) - 1 \right] \tag{7.3}$$

式中，ΔP 为需调整的价格差额；P_0 为根据进度付款、竣工付款和最终结清等付款证书中，承包人应得到的已完成工程量的金额（此项金额应不包括价格调整、不计质量保证金的扣留和支付、预付款的支付和扣回，变更及其他金额已按现行价格计价的，也不计在内）；A 为定值权重（不调部分的权重）；B_1，B_2，$\cdots$，B_n 为各可调因子的变值权重（可调部分的权重），即为各可调因子在投标函投标总报价中所占的比例；F_{t1}，F_{t2}，$\cdots$，F_{tn} 为各可调因子的现行价格指数，指根据进度付款、竣工付款和最终结清等约定的付款证书相关周期最后一天的前42d的各可调因子的价格指数；F_{01}，F_{02}，$\cdots$，F_{0n} 为各可调因子的基本价格指数，指基准日的各可调因子的价格指数。

以上价格调整公式中的各可调因子、定值和变值权重，以及基本价格指数及其来源在投标函附录价格指数和权重表中约定。价格指数应首先采用工程造价管理机构提供的价格指数，缺乏上述价格指数时，可采用工程造价管理机构提供的价格代替。

在计算调整差额时得不到现行价格指数的，可暂用上一次价格指数计算，并在以后的付款中再按实际价格指数调整。

②权重的调整。按变更范围和内容所约定的变更，导致原定合同中的权重不合理时，由承包人和发包人协商后调整。

③工期延误后的价格调整。由于发包人原因导致工期延误的，则对于计划进度日期（或竣工日期）后续施工的工程，在使用价格调整公式时，应采用计划进度日期（或竣工日期）与实际进度日期（或竣工日期）的两个价格指数中较高者作为现行价格指数。

由于承包人原因导致工期延误的，则对于计划进度日期（或竣工日期）后续施工的工程，在使用价格调整公式时，应采用计划进度日期（或竣工日期）与实际进度日期（或竣工日期）的两个价格指数中较低者作为现行价格指数。

（2）采用造价信息调整价格差额。采用造价信息调整价格差额的方法，主要适用于使用的材料品种较多，相对而言每种材料使用量较小的房屋建筑与装饰工程。

施工合同履行期间，因人工、材料、工程设备和施工机具台班价格波动影响合同价格时，人工、施工机具使用费按照国家或省、自治区、直辖市建设行政管理部门、行业建设管理部门或其授权的工程造价管理机构发布的人工成本信息、施工机具台班单价或施工机具使用费系数调整；需要进行价格调整的材料，其单价和采购数应由发包人复核，发包人确认需调整的材料单价及数量，作为调整合同价款差额的依据。

①人工单价的调整。人工单价发生变化时，发承包双方应按省级或行业建设主管部门或其授权的工程造价管理机构发布的人工成本文件调整合同价款。

②材料和工程设备价格的调整。材料、工程设备价格变化的价款调整，按照承包人提供的主要材料和工程设备一览表，根据发承包双方约定的风险范围，按以下规定进行调整：如果承包人投标报价中材料单价低于基准单价，工程施工期间材料单价涨幅以基准单价为基础超过合同约定的风险幅度值时，或材料单价跌幅以投标报价为基础超过合同约定的风险幅度值时，其超过部分按实调整；如果承包人投标报价中材料单价高于基准单价，工程施工期间材料单价跌幅以基准单价为基础超过合同约定的风险幅度值时，或材料单价涨幅以投标报价为基础超过合同约定的风险幅度值时，其超过部分按实调整；如果承包人投标报价中材料单价等于基准单价，工程施工期间材料单价涨、跌幅以基准单价为基础超过合同约定的风险幅度值时，其超过部分按实调整。

承包人应当在采购材料前将采购数量和新的材料单价报发包人核对，确认用于本合同工程时，发包人应当确认采购材料的数量和单价。发包人在收到承包人报送的确认资料后3个工作日不予答复的，视为已经认可，作为调整合同价款的依据。如果承包人未报经发包人核对即自行采购材料，再报发包人确认调整合同价款的，如发包人不同意，则不作调整。

③施工机具台班单价的调整。施工机具台班单价或施工机具使用费发生变化超过省级或行业建设主管部门或其授权的工程造价管理机构规定的范围时，按照其规定调整合同价款。

7.2.4 FIDIC 合同条件下的工程变更与估价

1. 工程变更

根据 FIDIC 施工合同条件的约定，在颁发工程接受证书前的任何时间，工程师可通过发布指示或要求承包商提交建议书的方式，提出变更。承包商应遵守并执行每项变更，除非承包商立即向工程师发出通知，说明承包商难以取得变更所需要的货物。工程师接到此类通知后，应取消、确认或改变原指示。变更的具体内容可包括以下几项。

（1）合同中包括的任何工作内容的数量改变（但此类改变不一定构成变更）。

（2）任何工作内容的质量或其他特性的改变。

（3）任何部分工程的标高、位置和尺寸的改变。

（4）任何工作的删减，但要交他人实施的工作之外。

（5）永久工作需要的任何附加工作、生产设备、材料或服务，包括任何有关的竣工试验、钻孔和其他试验和勘探工作。

（6）实施工程的顺序或时间安排的改变。

2. 工程变更的程序

FIDIC 合同条件下，工程变更的一般程序如下：首先，提出变更要求；其次，工程师审查变更；再次，编制工程变更文件。工程变更文件包括工程变更令、工程量清单、设计图纸（包括技术规范）和其他有关文件等；最后，发出变更指示。工程师的变更指示应以书面形式发出。如果工程师认为有必要以口头形式发出指示，指示发出后应尽快加以书面确认。

3. 工程变更的估价

工程师根据合适的测量方法和适宜的费率、价格，对变更的各项工作内容进行估价，并商定或确定合同价格。

各项工作内容的适宜费率或价格，应为合同对此类工作内容规定的费率或价格，如合同中无某项内容，应取类似工作的费率或价格。但在以下情况下，宜对有关工作内容采用新的费率或价格。

（1）第一种情况：如果此项工作实际测量的工程量比工程量表或其他报表中规定的工程量的变动大于 10%；工程量的变化与该项工作规定的费率的乘积超过了中标的合同金额的 0.01%；由此工程量的变化直接造成该项工作单位成本的变动超过 1%；这项工作不是合同中规定的"固定费率项目"。

（2）第二种情况：此项工作是根据变更与调整的指示进行的；合同没有规定此项工作的费率或价格；由于该项工作与合同中的任何工作没有类似的性质或不在类似的条件下进行，故没有一个规定的费率或价格适用。

每种新的费率或价格应考虑以上描述的有关事项对合同中相关费率或价格加以合理调整后得出。如果没有相关的费率或价格可供推算新的费率或价格，应根据实施该工作的合理成本和合理利润，并考虑其他相关的事项后取得。

7.3　工程索赔

7.3.1　索赔的概念、产生的原因与分类

1. 索赔的概念

索赔是指当事人在合同实施过程中，根据法律、合同规定及惯例，对并非由于自己

的过错而是属于应由对方承担责任的情况造成，且实际发生了损失，向对方提出给予补偿或赔偿的权利要求。

索赔有较广泛的含义，可以概括为以下三个方面：①一方违约使另一方蒙受损失，受损方向对方提出赔偿损失的要求；②发生应由发包人承担责任的特殊风险或遇到不利自然条件等情况，使承包人蒙受较大损失而向发包人提出补偿损失要求；③承包人本人应当获得的正当利益，由于没能及时得到监理人的确认和业主应给予的支付，而以正式函件向业主索赔。

索赔的性质属于经济补偿行为，而不是惩罚。索赔方所受到的损害与被索赔方的行为并不一定存在法律上的因果关系。索赔是一种正当的权利要求，它是业主、监理人和承包人之间一项正常的、大量发生而且普遍存在的合同管理业务，是一种以法律和合同为依据的、合情合理的行为。

2. 索赔产生的原因

施工过程中，索赔产生的原因很多，经常引发索赔的原因有以下几个方面。

（1）发包人违约。发包人违约常常表现为没有为承包人提供合同约定的施工条件、未按照合同约定的期限和数额付款等。工程师未能按照合同约定完成工作，如未能及时发出图样、指令等，也视为发包人违约。

（2）合同文件缺陷。合同文件缺陷表现为合同文件规定不严谨甚至矛盾、合同中出现遗漏或错误。在这种情况下，工程师应当给予解释。如果这种解释将导致成本增加或工期延长，发包人应当给予补偿。

（3）合同变更。合同变更表现为设计变更、施工方法变更、追加或者取消某些工作、合同规定的其他变更等。

（4）不可抗力事件。不可抗力事件又可以分为自然事件和社会事件。自然事件主要是指遇到不测的自然条件和客观障碍，如在施工过程中遇到了经现场调查无法发现、发包人提供的资料中也未提到的、无法预料的情况，如地下水、地质断层等。社会事件则包括国家政策、法律、法令的变更及战争、罢工等。

（5）发包人代表或监理工程师的指令。发包人代表或监理工程师的指令有时也会产生索赔，如监理工程师指令承包人加速施工速度、进行某项工作、更换某些材料、采取某些措施等，并且这些指令带来的损失不是由于承包人的原因造成的。

（6）其他第三方原因。其他第三方原因常常表现为与工程有关的第三方的问题而引起的对本工程的不利影响，如业主指定的供应商违约、业主付款被银行延误等。

3. 工程索赔的分类

工程索赔从不同的角度可以进行不同的分类，但最常见的是按当事人的不同和索赔的目的不同进行分类。此外，还有按索赔事件的性质不同分类。

（1）按索赔有关当事人不同分类

①承包人同业主之间的索赔。这是承包施工中最普遍的索赔形式，最常见的是承包人向业主提出的工期索赔和费用索赔，也是本节要探讨的主要内容。有时，业主也向承包人提出经济赔偿的要求，即反索赔。

②总承包人和分包人之间的索赔。总承包人和分包人，按照他们之间所签订的分包

合同，都有向对方提出索赔的权利，以维护自己的利益，获得额外开支的经济补偿。分包人向总承包人提出的索赔要求，经过总承包人审核后，凡是属于业主方面责任范围内的事项，均由总承包人汇总后向业主提出；凡是属于总承包人责任范围内的事项，则由总承包人同分包人协商解决。

（2）按索赔的目的不同分类

①工期索赔。承包人向发包人要求延长工期，合理顺延合同工期。由于合理的工期延长，可以使承包人免于承担误期罚款（或误期损害赔偿金）。

②费用索赔。承包人要求取得合理的经济补偿，即要求发包人补偿不应该由承包人自己承担的经济损失或额外费用，或者发包人向承包人要求因为承包人违约导致业主的经济损失补偿。

（3）按索赔事件的性质不同分类

①工程延误索赔。因发包人未按合同要求提供施工条件，或因发包人指令工程暂停或不可抗力事件等原因造成工期拖延的，承包人可以向发包人提出索赔；如果由于承包人原因导致工期拖延，发包人可以向承包人提出索赔。

②加速施工索赔。由于发包人指令承包人加快施工速度、缩短工期，引起承包人的人力、物力、财力的额外开支，承包人可以向发包人提出索赔。

③工程变更索赔。由于发包人指令增加或减少工程量或增加附加工程、修改设计、变更工程顺序等，造成工期延长或费用增加，承包人就此提出索赔。

④合同终止的索赔。由于发包人违约或发生不可抗力事件等原因造成合同非正常终止，承包人因其遭受经济损失而提出索赔。如果由于承包人的原因导致合同非正常终止，或者合同无法继续履行，发包人可以就此提出索赔。

⑤不可预见的不利条件索赔。承包人在工程施工期间，施工现场出现有经验的承包人通常不能合理预见的不利施工条件或外界障碍，如地质条件与发包人提供的资料不符，出现不可预见的地下水、地质断层、溶洞、地下障碍物等，承包人可以就因此遭受的损失提出索赔。

⑥不可抗力事件的索赔。工程施工期间，因不可抗力事件的发生而遭受损失的一方，可以根据合同中对不可抗力风险分担的约定，向当事人提出索赔。

⑦其他索赔。如因货币贬值、汇率变化、物价上涨、政策法令变化等原因引起的索赔。

7.3.2 索赔的处理

1. 索赔的处理原则

（1）索赔必须以合同为依据。工程师依据合同和事实对索赔进行处理是其公平性的重要体现。在不同的合同条件下，这些依据很可能是不同的。如因为不可抗力导致的索赔，在国内《建设工程施工合同（示范文本）》（CF-2017-0201）条件下，承包人机械设备损坏的损失，由承包人承担的，不能向发包人索赔；但在FIDIC合同条件下，不可抗力事件一般列为发包人承担的风险，损失应当由发包人承担。在具体的合同中，各个合同的协议条款不同，其依据的差别更大。

（2）及时、合理地处理索赔。索赔处理得不及时，对双方都会产生不利的影响。如承包人的索赔长期得不到合理解决，索赔积累的结果会导致其资金困难，同时影响工程进度。处理索赔还必须坚持合理性原则，如索赔费用计算中，因发包人原因新增工程量的人工费（或机械费）计算和窝工人工费（或机械闲置费）计算的单价使用不同标准，具体应在合同中明确。

（3）加强主动控制，减少工程索赔。应当加强主动控制工程索赔，尽量减少索赔。这就要求在工程管理过程中尽量将工作做在前面，使工程顺利地进行，降低工程投资、缩短施工工期。

2. 索赔的处理方法

（1）《建设工程施工合同（示范文本）》（CF-2017-0201）规定的索赔处理方法

①承包人提出索赔的步骤。根据合同的约定，承包人认为有权得到追加付款和（或）延长工期的，应按以下程序向发包人提出索赔。

a. 承包人应在知道或应当知道索赔事件发生后 28d 内，向监理人递交索赔意向通知书，并说明发生索赔事件的事由；承包人未在前述 28d 内发出索赔意向通知书的，丧失要求追加付款和（或）延长工期的权利。

b. 承包人应在发出索赔意向通知书后 28d 内，向监理人正式递交索赔报告；索赔报告应详细说明索赔理由以及要求追加的付款金额和（或）延长的工期，并附必要的记录和证明材料。

c. 索赔事件具有持续影响的，承包人应按合理时间间隔继续递交延续索赔通知，说明持续影响的实际情况和记录，列出累计的追加付款金额和（或）工期延长天数。

d. 在索赔事件影响结束后 28d 内，承包人应向监理人递交最终索赔报告，说明最终要求索赔的追加付款金额和（或）延长的工期，并附必要的记录和证明材料。

②对承包人索赔的处理。对承包人索赔的处理如下。

a. 监理人应在收到索赔报告后 14d 内完成审查并报送发包人。监理人对索赔报告存在异议的，有权要求承包人提交全部原始记录副本。

b. 发包人应在监理人收到索赔报告或有关索赔的进一步证明材料后的 28d 内，由监理人向承包人出具经发包人签认的索赔处理结果。发包人逾期答复的，则视为认可承包人的索赔要求。

c. 承包人接受索赔处理结果的，索赔款项在当期进度款中进行支付；承包人不接受索赔处理结果的，按照第 20 条（争议解决）约定处理。

③承包人提出索赔的期限。承包人接受了竣工付款证书后，应被认为已无权再提出在合同工程接收证书颁发前所发生的任何索赔。承包人提交的最终结清申请单中，只限于提出工程接收证书颁发后发生的索赔。提出索赔的期限自接受最终结清证书时终止。

（2）FIDIC 合同条件规定的工程索赔方法

①承包人发出索赔通知。承包人察觉或应当察觉事件或情况后 28d 内，向工程师发出。

②承包人递交详细的索赔报告。承包人在察觉或应当察觉事件或情况后 42d 内，向工程师递交详细的索赔报告。若引起索赔的事件连续影响，承包人每月递交中间索赔报告，说明累计索赔延误时间和金额，在索赔事件产生影响结束后 28d 内，递交最终索赔报告。

③工程师答复。工程师在收到索赔报告或对过去索赔的任何进一步证明资料后42d内，作出答复。

3. 索赔的处理依据与文件

（1）索赔依据

①招标文件、施工合同文件及附件、经认可的施工组织设计、工程图、技术规范等。

②双方的往来信件及各种会议纪要。

③施工进度计划和具体的施工进度安排。

④施工现场的有关文件。如施工记录、施工备忘录、施工日记等。

⑤工程检查验收报告和各种技术鉴定报告。

⑥建筑材料的采购、订货、运输、进场时间等方面的凭据。

⑦工程中电、水、道路开通和封闭的记录与证明。

⑧国家有关法律、法令、政策文件，政府公布的物价指数、工资指数等。

（2）索赔文件

①索赔通知（索赔信）。索赔通知是一封承包商致业主的简短的信函，它主要说明索赔事件、索赔理由等。

②索赔报告。索赔报告是索赔材料的正文，包括报告的标题、事实与理由、损失计算与要求赔偿金额及工期。

③附件。附件包括详细计算书、索赔报告中列举事件的证明文件和证据。

4. 常见施工索赔的起因及处理结果

引起索赔事件的原因不同，工程索赔的结果也不同，对一方当事人提出的索赔可能给予合理补偿工期、费用和（或）利润的情况会有所不同。《建设工程施工合同（示范文本）》（CF-2017-0201）中的通用合同条款中，引起承包人索赔的事件以及可能得到的合理补偿内容见表7.1。

表7.1 《建设工程施工合同（示范文本）》（CF-2017-0201）中承包人的索赔事件及可补偿内容

序号	条款号	索赔事件	可补偿内容		
			工期	费用	利润
1	1.6.1	延迟提供图纸	√	√	√
2	1.9	施工中发现文物、古迹	√	√	
3	2.4.1	延迟提供施工场地	√	√	√
4	7.6	施工中遇到不利物质条件	√	√	
5	8.1	提前向承包人提供材料，工程设备			
6	8.3.1	发包人提供材料	√	√	√
7	7.4	承包人依据发包人提供的错误资料导致测量放线错误	√	√	√
8	6.1.9.1	因发包人原因造成承包人人员工伤事故		√	
9	7.5.1	因发包人原因造成工期延误	√	√	√
10	7.7	异常恶劣的气候条件导致工期延误	√		

序号	条款号	索赔事件	可补偿内容		
			工期	费用	利润
11	7.9	承包人提前竣工		√	
12	7.8.1	发包人暂停施工造成工期延误	√	√	√
13	7.8.6	工程暂停后因发包人原因无法按时复工	√	√	√
14	5.1.2	因发包人原因导致承包人工程返工	√	√	√
15	5.2.3	工程师对已经覆盖的隐蔽工程要求重新检查且检查结果合格	√	√	√
16	5.4.2	因发包人提供的材料、工程设备造成工程不合格	√	√	√
17	5.3.3	承包人应工程师要求对材料工程设备和工程重新检验且检验结果合格	√	√	√
18	11.2	基准日期后法律的变化		√	
19	13.4.2	发包人在工程竣工前提前占用工程	√	√	√
20	13.3.2	因发包人的原因导致工程试运行失败		√	√
21	13.3.2	发包人不按照约定组织竣工验收、颁发工程接收证书的		√	√
22	15.2.2	工程移交后因发包人原因出现的缺陷修复后的试验和试运行		√	
23	17.3.2 (6)	因不可抗力停工期间应工程师要求照管，清理修复工程		√	
24	17.3.2 (4)	因不可抗力造成工期延误	√		
25	16.1.1 (5)	因发包人违约导致承包人暂停施工	√	√	√

7.3.3 索赔计算

1. 工期索赔计算

工期索赔，一般是指承包人依据合同对由于因非自身原因导致的工期延误向发包人提出的工期顺延要求。

（1）工期索赔中应当注意的问题。划清施工进度拖延的责任。因承包人的原因造成施工进度滞后，属于不可原谅的延期；只有承包人不应承担任何责任的延误，才是可原谅的延期。有时工程延期的原因中可能包含双方责任，此时监理人应详细分析，分清责任比例，只有可原谅延期部分才能批准顺延合同工期。可原谅延期，又可细分为可原谅并给予补偿费用的延期和可原谅但不给予补偿费用的延期；后者是指非承包人责任事件的影响并未导致施工成本的额外支出，大多属于发包人应承担风险责任事件的影响，如异常恶劣的气候条件影响的停工等。

被延误的工作应是处于施工进度计划关键线路上的施工内容。只有位于关键线路上工作内容的滞后，才会影响到竣工日期。但有时也应注意，既要看被延误的工作是否在批准进度计划的关键线路上，又要详细分析这一延误对后续工作的可能影响。因为若对非关键线路工作的影响时间较长，超过了该工作可用于自由支配的时间，也会导致进度计划中非关键线路转化为关键线路，其滞后将影响总工期的拖延。此时，应充分考虑该工作的自由时间，给予相应的工期顺延，并要求承包人修改施工进度计划。

（2）工期索赔的计算方法

①直接法。如果某干扰事件直接发生在关键线路上，造成总工期的延误，可以直接

将该干扰事件的实际干扰时间（延误时间）作为工期索赔值。

②比例计算法。如果某干扰事件仅影响某单项工程、单位工程或分部分项工程的工期，要分析其对总工期的影响，可以采用比例计算法。

已知受干扰部分工程的延期时间的工期索赔值按式（7.4）计算。

$$工期索赔值 = 受干扰部分工期拖延时间 \times \frac{受干扰部分工程的合同价格}{原合同总价} \qquad (7.4)$$

已知额外增加工程量的价格的工期索赔值按式（7.5）计算。

$$工期索赔值 = 原合同总工期 \times \frac{额外增加的工程量的价格}{原合同总价} \qquad (7.5)$$

虽然比例计算法简单方便，但有时不符合实际情况，而且比例计算法不适用于变更施工顺序、加速施工、删减工程量等事件的索赔。

③网络图分析法。网络图分析法是利用进度计划的网络图分析其关键线路。如果延误的工作为关键工作，则延误的时间为索赔的工期；如果延误的工作为非关键工作，当该工作由于延误超过时差限制而成为关键工作时，可以索赔延误时间与时差的差值；若该工作延误后仍为非关键工作，则不存在工期索赔问题。该方法通过分析干扰事件发生前和发生后网络计划的计算工期之差来计算工期索赔值，可以用于各种干扰事件和多种干扰事件共同作用所引起的工期索赔。

（3）共同延误的处理。在实际施工过程中，很少情况下只由一方造成工期延误，往往是两三种原因同时发生（或相互作用）而形成的，故称为"共同延误"。在这种情况下，要具体分析哪一种情况延误是有效的。首先判断造成拖期的哪一种原因是最先发生的，即确定初始延误者，它应对工程延误负责。在初始延误发生作用期间，其他并发的延误者不承担拖期责任。如果初始延误由发包人原因引起，则在发包人原因造成的延误期内，承包人既可得到工期延长，又可得到经济补偿；如果初始延误由客观原因引起，则在客观因素发生影响的延误期内，承包人可以得到工期延长，但很难得到费用补偿；如果初始延误由承包人原因引起，则在承包人原因造成的延误期内，承包人既不能得到工期补偿，也不能得到费用补偿。

2. 费用索赔计算

（1）索赔费用的组成。对于不同原因引起的索赔，承包人可索赔的具体费用内容不完全一样。但归纳起来，索赔费用的要素与工程造价的构成基本类似，一般可归结为人工费、材料费、施工机具使用费、现场管理费、总部（企业）管理费、保险费、保函手续费、利息、利润、分包费用等。

①人工费。人工费的索赔包括：由于完成合同之外的额外工作所花费的人工费用；超过法定工作时间的加班劳动而产生的人工费；法定人工费增长；因非承包商原因导致工效降低所增加的人工费；因非承包商原因导致工程停工的人工费和工资上涨费等。在计算停工损失中人工费时，通常采取人工单价乘以折算系数计算。

②材料费。材料费的索赔包括：由于索赔事件的发生造成材料实际用量超过计划用量而增加的材料费；由于发包人原因导致工程延期期间的材料价格上涨和超期储存费用。材料费中应包括运输费、仓储费以及合理的损耗费用。如果由于承包商管理不善造成材料损坏失效，则不能列入索赔款项内。

③施工机具使用费。施工机具使用费的索赔包括：由于完成合同之外的额外工作所

增加的机械使用费；非因承包人原因导致工效降低所增加的机械使用费；由于发包人或工程师指令错误或迟延导致机械停工的台班停滞费。在计算机械设备台班停滞费时，不能按机械设备台班费计算，因为台班费中包括设备使用费。如果机械设备是承包人自有设备，一般按台班折旧费、人工费与其他费用之和计算；如果是承包人租赁的设备，一般按台班租金加上每台班分摊的施工机械进出场费计算。

④现场管理费。现场管理费的索赔包括承包人完成合同之外的额外工作以及由于发包人原因导致工期延期期间的现场管理费，包括管理人员工资、办公费、通信费、交通费等。

现场管理费索赔金额的计算公式如式（7.6）所示。

$$现场管理费索赔金额＝索赔的直接成本费用×现场管理费费率 \qquad (7.6)$$

其中，现场管理费费率的确定可以选用下面的方法：a. 合同百分比法，即现场管理费费率在合同中规定；b. 行业平均水平法，即采用公开认可的行业标准费率；c. 原始估价法，即采用投标报价时确定的费率；d. 历史数据法，即采用以往相似工程的管理费费率。

⑤总部（企业）管理费。总部管理费的索赔主要指的是由于发包人原因导致工程延期期间所增加的承包人向公司总部提交的管理费，包括总部职工工资、办公大楼折旧、办公用品、财务管理、通信设施以及总部领导人员赴工地检查指导工作等的开支。目前总部管理费索赔金额的计算还没有统一的方法。通常可采用以下几种方法。

a. 按总部管理费的比率根据式（7.7）计算。

$$总部管理费索赔金额＝（直接索赔金额＋现场管理费索赔金额）×总部管理费比率（\%）(7.7)$$

式中，总部管理费比率可以按照投标书中的总部管理费比率计算（一般为 $3\%\sim8\%$），也可以按照承包人公司总部统一规定的管理费比率计算。

b. 按已获补偿的工程延期天数为基础计算。它是在承包人已经获得工程延期索赔的批准后，进一步获得总部管理费索赔的计算方法，计算步骤如下。

首先，按式（7.8）计算延期工程应分摊的总部管理费。

$$延期工程应分摊的总部管理费＝同期公司计划总部管理费×\frac{延期工程合同价格}{同期公司所有合同总价} \qquad (7.8)$$

然后，按式（7.9）计算延期工程的日平均总部管理费。

$$延期工程的日平均总部管理费＝\frac{延期工程应分摊的总部管理费}{延期工程计划工期} \qquad (7.9)$$

最后，按式（7.10）计算索赔的总部管理费。

$$索赔的总部管理费＝延期工程的日平均总部管理费×工程延期的天数 \qquad (7.10)$$

⑥保险费。因发包人原因导致工程延期时，承包人必须办理工程保险、施工人员意外伤害保险等各项保险的延期手续，对于由此而增加的费用，承包人可以提出索赔。

⑦保函手续费。因发包人原因导致工程延期时，承包人必须办理相关履约保函的延期手续，对于由此而增加的手续费，承包人可以提出索赔。

⑧利息。利息的索赔包括：发包人拖延支付工程款利息；发包人延迟退还工程质量保证金的利息；承包人垫资施工的垫资利息；发包人错误扣款的利息等。至于具体的利率标准，双方可以在合同中明确约定，没有约定或约定不明的，可以按照中国人民银行发布的同期同类贷款利率计算。

⑨利润。一般来说，由于工程范围的变更、发包人提供的文件有缺陷或错误、发包人未能提供施工场地以及因发包人违约导致的合同终止等事件引起的索赔，承包人都可以列入利润。比较特殊的是，根据《中华人民共和国标准施工招标文件》（2013 年修订）通用合同条款第 11.3 款的规定，对于因发包人原因暂停施工导致的工期延误，承包人有权要求发包人支付合理的利润。索赔利润的计算通常与原报价单中的利润百分率保持一致。但是应当注意的是：由于工程量清单中的单价是综合单价，已经包含人工费、材料费、施工机具使用费、企业管理费、利润以及一定范围内的风险费用，在索赔计算中不应重复计算。同时，由于一些引起索赔的事件也可能是合同中约定的合同价款调整因素（如工程变更、法律法规的变化以及物价波动等），因此，对于已经进行了合同价款调整的索赔事件，承包人在计算费用索赔时不能重复计算。

⑩分包费用。由于发包人的原因导致分包工程费用增加时，分包人只能向总承包人提出索赔，但分包人的索赔款项应当列入总承包人对发包人的索赔款项中。分包费用索赔指的是分包人的索赔费用，一般也包括与上述费用类似的内容索赔。

（2）费用索赔的计算方法。索赔费用的计算应以赔偿实际损失为原则，包括直接损失和间接损失。索赔费用的计算方法通常有三种，即实际费用法、总费用法和修正的总费用法。

①实际费用法。实际费用法又被称为"分项法"，是指根据索赔事件所造成的损失或成本增加，按费用项目逐项分析、计算索赔金额的方法。这种方法比较复杂，但能客观地反映施工单位的实际损失，比较合理，易于被当事人接受，在国际工程中被广泛采用。由于索赔费用组成的多样化，不同原因引起的索赔，承包人可索赔的具体费用内容有所不同，必须具体问题具体分析。由于实际费用法所依据的是实际发生的成本记录或单据，因此在施工过程中，系统而准确地积累记录资料是非常重要的。

②总费用法。总费用法也被称为"总成本法"，即当发生多次索赔事件后，重新计算工程的实际总费用，再从该实际总费用中减去投标报价时的估算总费用，即为索赔金额。用总费用法计算索赔金额的公式如式（7.11）所示。

$$索赔金额＝实际总费用－投标报价估算总费用 \tag{7.11}$$

但是，在总费用法的计算方法中，没有考虑实际总费用中可能包括由于承包人的原因（如施工组织不善）而增加的费用，也可能由于承包人为谋取中标而导致投标报价估算总费用的报价过低，因此总费用法并不十分科学。只有在难以精确地确定某些索赔事件导致的各项费用增加额时才采用总费用法。

③修正的总费用法。修正的总费用法是对总费用法的改进，即在总费用计算的原则上，去掉一些不合理的因素，使其更为合理。修正的内容如下：a. 将计算索赔款的时段局限于受到索赔事件影响的时间，而不是整个施工期；b. 只计算受到索赔事件影响时段内的某项工作所受影响的损失，而不是计算该时段内所有施工工作所受的损失；c. 与该项工作无关的费用不列入总费用中；d. 对投标报价费用重新进行核算，用受影响时段内该项工作的实际单价乘以实际完成的该项工作的工程量，得出调整后的报价费用。

按修正后的总费用法计算索赔金额的公式如式（7.12）所示。

$$索赔金额＝某项工作调整后的实际总费用－该项工作的报价费用 \tag{7.12}$$

修正的总费用法与总费用法相比有了实质性的改进，它的准确程度已接近于实际费用法。

7.4 工程价款结算

7.4.1 工程价款结算的概念和方式

1. 工程价款结算的概念

所谓工程价款结算，是指承包人在工程实施过程中，依据承包合同中关于付款条款的规定和已经完成的工程量，并按照规定的程序向建设单位（业主）收取工程价款的一项经济活动。工程价款是反映工程进度和考核经济效益的主要指标。因此，工程价款结算是工程项目承包中的一项十分重要的工作，主要表现在以下几个方面。

首先，工程价款结算是反映工程进度的主要指标。在施工过程中，工程价款的结算依据之一是按照已完成的工程量结算，即承包人完成的工程量越多，所应结算的工程价款应越多。所以，根据累计已结算的工程价款占合同总价款的比例，能够近似地反映出工程的进度情况，有利于准确掌握工程进度。

其次，工程价款结算是加速资金周转的重要环节。承包人能够尽快尽早地结算工程价款，有利于偿还债务，也有利于资金的回笼，降低内部运营成本。借助加速资金周转，提高资金使用的有效性。

最后，工程价款结算是考核经济效益的重要指标。对于承包人来说，只有如数结算工程价款，才意味着完成了"惊险一跳"，避免了经营风险，承包人也才能够获得相应的利润，进而达到良好的经济效益。

2. 工程价款结算的主要方式

（1）按月结算。实行旬末或月中预支，月终结算，竣工后清算的办法。跨年度竣工的工程，在年终进行工程盘点，办理年度结算。我国现行建筑安装工程价款结算中，相当一部分是实行这种按月结算的。

（2）竣工后一次结算。建设项目或单项工程全部建筑安装工程建设期在 12 个月以内，或者工程承包合同价值在 100 万元以下的，可以实行工程价款每月月中预支，竣工后一次结算。

（3）分段结算。当年开工当年不能竣工的单项工程或单位工程，按照工程形象进度，划分不同阶段进行结算。分段结算可以按月预支工程款。分段的划分标准由各部门、各地区直接规定。

（4）目标结款方式。在工程合同中，将承包工程的内容分解成不同的控制界面，以业主验收控制界面作为支付工程价款的前提条件，即将合同工程内容分解成不同的验收单元，当承包人完成单元工程内容并经业主（或其委托人）验收后，业主支付构成单元工程内容的工程价款。

目标结款方式下，承包人要想获得工程价款，必须按照合同约定的质量标准完成界面内的工程内容；要想尽早获得工程价款，承包人必须充分发挥自己的组织实施能力，在保证质量的前提下，加快施工进度。如果承包人在界面内质量达不到合同约定的标准，那么业主不予验收，承包人也因此会遭受损失。可见，目标结款方式实质上是运用合同手段、财务手段对工程的实施进行主动控制。

目标结款方式中，对控制界面的设定应明确描述，便于量化和质量控制，同时要适应项目资金的供应周期和支付频率。

（5）结算双方约定的其他结算方式。工程价款结算方式除了以上四种方式外，还可以在发承包合同或在发承包合同补充协议中约定支付方式。

7.4.2　工程预付款及其计算

工程预付款指发包单位（甲方）在开工前拨付给承包单位（乙方）一定限额的工程预付备料款。在工程承包合同条款中，此预付款构成施工企业为此承包工程项目储备主要材料、结构件所需的流动资金。

我国《建设工程施工合同（示范文本）》（CF-2017-0201）中规定：

（1）预付款的支付。预付款的支付按照专用合同条款约定执行，但至迟应在开工通知载明的开工日期7d前支付。预付款应当用于材料、工程设备、施工设备的采购及修建临时工程、组织施工队伍进场等。除专用合同条款另有约定外，预付款在进度付款中同比例扣回。在颁发工程接收证书前，提前解除合同的，尚未扣完的预付款应与合同价款一并结算。发包人逾期支付预付款超过7d的，承包人有权向发包人发出要求预付的催告通知，发包人收到通知后7d内仍未支付的，承包人有权暂停施工，并按发包人违约的情形执行。

（2）预付款担保。发包人要求承包人提供预付款担保的，承包人应在发包人支付预付款7d前提供预付款担保，专用合同条款另有约定除外。预付款担保可采用银行保函、担保公司担保等形式，具体由合同当事人在专用合同条款中约定。在预付款完全扣回之前，承包人应保证预付款担保持续有效。发包人在工程款中逐期扣回预付款后，预付款担保额度应相应减少，但剩余的预付款担保金额不得低于未被扣回的预付款金额。

1. 预付备料款的限额

预付备料款限额由下列主要因素决定：主要材料（包括外购构件）占工程造价的比重，材料储备期和施工工期。

在实际工作中，备料款的数额要根据各工程类型、合同工期、承包人式和材料供应机制等不同条件来确定，一般对于建设工程项目，工程备料款额度应不超过合同总价的30%；对于安装工程，应不超过合同总价的10%，材料占比较多的安装工程可以按合同总价的15%左右拨付；对于只包定额工日（不包材料，一切材料由建设单位供给）的工程项目，可以不预付备料款。

2. 备料款的扣回

发包单位拨付给承包单位的备料款属于预支性质，工程实施后，随着工程所需主要材料储备的逐步减少，应以抵充工程价款的方式陆续扣回。扣款的方法有以下两种。

（1）可以从未施工工程尚需的主要材料及构件的价值相当于备料款数额时起扣，从每次结算工程价款中，按材料比重扣抵工程价款，竣工前全部扣清。

（2）可以按完成工程进度一定比例时起扣。在承包人完成金额累计达到合同总价的10％后，由承包人开始向发包人还款，发包人从每次应付给承包人的金额中扣回工程预付款，发包人至少在合同规定的完工期前3个月将工程预付款的总计金额按逐次分摊的办法扣回；当发包人一次付给承包人的余额少于规定扣回的金额时，其差额应转入下一次支付中作为债务结转。

发包人不按规定支付工程预付款，承包人按《建设工程施工合同（示范文本）》（CF-2017-0201）通用合同条款的第6项享有权利：承包人在动力设备、输电线路、地下管道、密封防震车间、易燃易爆地段以及临街交通要道附近施工时，施工开始前应向发包人和监理人提出安全防护措施，经发包人认可后实施，防护措施费用由发包人承担；实施爆破作业，在放射、毒害性环境中施工（含储存、运输、使用）及使用毒害性、腐蚀性物品施工时，承包人应在施工前7d以书面通知发包人和监理人，并报送相应的安全防护措施，经发包人认可后实施，由发包人承担安全防护措施费用。

在实际经济活动中情况比较复杂，有些工程工期较短，无须分期扣回。有些工程工期较长，如跨年度施工，预付备料款可以不扣或少扣，并于次年按应预付备料款调整，多退少补。

具体地说，跨年度工程，预计次年承包工程价值大于或相当于当年承包工程价值时，可以不扣回当年的预付备料款；如小于当年承包工程价值时，应按实际承包工程价值调整，在当年扣回部分预付备料款，并将未扣回部分转入次年，直到竣工年度，再按上述办法扣回。

7.4.3　工程进度款的支付（中间结算）

工程进度款的支付（中间结算）是指施工企业在施工过程中，按逐月（或形象进度、或控制界面等）完成的工程数量计算各项费用，向建设单位（业主）办理工程进度款的支付（中间结算）。

为简化手续，习惯上采用的办法是以施工企业提出的统计进度月报表作为支取工程款的凭证，也就是通常所说的工程进度款，即施工企业在旬末或月中向建设单位提出预支工程款账单，预支一旬或半月的工程款，月终再提出工程款结算账单和已完工程月报表，收取当月工程价款，并通过银行进行结算。按月进行结算，要对现场已施工完毕的工程逐一清点，资料绘总后，交监理工程师和建设单位审查签证。

1. 工程进度款支付的相关要求

（1）工程量的确认。承包人应按约定时间向工程师提交已完工程量的报告。工程师接到报告后7d内按设计图纸核实已完工程量（以下简称"计量"），并在计量前24h通知承包人，承包人为计量提供便利条件并派人参加。承包人不参加计量，发包人自行进行，计量结果有效，作为工程价款支付的依据。

工程师收到承包人报告后7d内未进行计量，从第8d起，承包人报告中开列的工程量即视为已被确认，作为工程价款支付的依据。工程师不按约定时间通知承包人，使承包人不能参加计量，计量结果无效。

工程师对承包人超出设计图纸范围和（或）因自身原因造成返工的工程量，不予计量。

（2）合同收入的组成。合同收入包括两部分内容。

①合同中规定的初始收入，即建造承包人与客户在双方签订的合同中最初商定的合同总金额，它构成了合同收入的基本内容。

②因合同变更、索赔、奖励等构成的收入。这部分收入并不构成合同双方在签订合同时已在合同中商定的合同总金额，而是在执行合同过程中由于合同变更、索赔、奖励等原因而形成的追加收入，需得到发包人确认后计入。

2. 工程进度款支付

《建设工程施工合同（示范文本）》（CF-2017-0201）中对工程进度款支付做了如下详细规定。

（1）除专用合同条款另有约定外，监理人应在收到承包人进度付款申请单以及相关资料后 7d 内完成审查并报送发包人，发包人应在收到后 7d 内完成审批并签发进度款支付证书。发包人逾期未完成审批且未提出异议的，视为已签发进度款支付证书。

发包人和监理人对承包人的进度付款申请单有异议的，有权要求承包人修正和提供补充资料，承包人应提交修正后的进度付款申请单。监理人应在收到承包人修正后的进度付款申请单及相关资料后 7d 内完成审查并报送发包人，发包人应在收到监理人报送的进度付款申请单及相关资料后 7d 内，向承包人签发无异议部分的临时进度款支付证书。存在争议的部分，按照争议解决的约定处理。

（2）除专用合同条款另有约定外，发包人应在进度款支付证书或临时进度款支付证书签发后 14d 内完成支付。发包人逾期支付进度款的，应按照中国人民银行发布的同期同类贷款基准利率支付违约金。

（3）发包人签发进度款支付证书或临时进度款支付证书，不表明发包人已同意、批准或接受了承包人完成的相应部分的工作。

3. 工程保修金（保留款）的预留

工程保修金也可被称作"工程尾留款"，是指按照有关规定，工程项目总造价中应预留出一定比例的尾留款作为质量保修费用（又称"保留金"），待工程项目保修期结束后最后拨付。工程保修金（保留款）扣除一般有以下两种做法。

第一种是当工程进度款拨付累计额达到该建筑安装工程造价的一定比例（一般为95%～97%）时，停止支付，预留造价部分作为工程保修金（保留款）。

第二种是工程保修金（保留款）的扣除，可以从发包人向承包人第一次支付的工程进度款开始，在每次承包人应得的工程款中扣留投标书附录中规定金额作为保留金，直至保留金总额达到投标书附录中规定的限额为止。

7.4.4　工程竣工结算及其审查

工程竣工结算是指施工企业按照合同规定的内容全部完成所承包的工程，经验收质量合格，并符合合同要求之后，向发包单位进行的最终工程价款结算。

1.《建设工程施工合同（示范文本）》（CF-2017-0201）中对竣工结算的规定

除专用合同条款另有约定外，承包人应在工程竣工验收合格后 28d 内向发包人和监理人提交竣工结算申请单，并提交完整的结算资料，有关竣工结算申请单的资料清单和份数等要求由合同当事人在专用合同条款中约定。

除专用合同条款另有约定外，竣工结算申请单应包括：竣工结算合同价格；发包人已支付承包人的款项；应扣留的质量保证金（已缴纳履约保证金的或提供其他工程质量担保方式的除外）；发包人应支付承包人的合同价款。

除专用合同条款另有约定外，监理人应在收到竣工结算申请单后 14d 内完成核查并报送发包人。发包人应在收到监理人提交的经审核的竣工结算申请单后 14d 内完成审批，并由监理人向承包人签发经发包人签认的竣工付款证书。监理人或发包人对竣工结算申请单有异议的，有权要求承包人进行修正和提供补充资料，承包人应提交修正后的竣工结算申请单。

发包人在收到承包人提交竣工结算申请书后 28d 内未完成审批且未提出异议的，视为发包人认可承包人提交的竣工结算申请单，并自发包人收到承包人提交的竣工结算申请单后第 29d 起视为已签发竣工付款证书。

除专用合同条款另有约定外，发包人应在签发竣工付款证书后的 14d 内，完成对承包人的竣工付款。发包人逾期支付的，按照中国人民银行发布的同期同类贷款基准利率支付违约金；逾期支付超过 56d 的，按照中国人民银行发布的同期同类贷款基准利率的 2 倍支付违约金。

承包人对发包人签认的竣工付款证书有异议的，对于有异议部分应在收到发包人签认的竣工付款证书后 7d 内提出异议，并由合同当事人按照专用合同条款约定的方式和程序进行复核，或按照争议解决约定处理。对于无异议部分，发包人应签发临时竣工付款证书，并在规定时间内完成付款。承包人逾期未提出异议的，视为认可发包人的审批结果。

2. 工程竣工结算的审查

工程竣工结算审查是竣工结算阶段的一项重要工作。经审查核定的工程竣工结算是核定工程项目造价的依据，也是建设项目验收后编制竣工决算和核定新增固定资产价值的依据。因此，建设单位、监理公司、造价咨询单位以及审计部门等都十分关注竣工结算的审核把关。

竣工结算审查一般可从以下几个方面入手：①核对合同条款；②检查隐蔽验收记录；③落实设计变更签证；④按图核实工程数量；⑤严格执行定额单价；⑥注意各项费用计取；⑦防止各种计算误差。

3. 竣工结算审查的方法

由于工程规模、特点及要求的繁简程度不同，施工企业的情况也不同，因此需选择适当的审核方法，确保审核的正确与高效。

（1）全面审查法。这是逐一全部进行审查的方法。此法优点是全面、细致，经审查的工程结算差错小、质量较高，缺点是工作量大。对于一些工作量较小、工艺比较简单的一般民用建筑工程，编制结算的技术力量比较薄弱时，可采用此法。

（2）重点审查法。这是抓住工程结算中的重点进行审查的方法。选择工程量较大、单价较高和工程结构复杂的工程，如一般土建工程中的基础、墙、柱、门窗、钢筋混凝土梁板等；补充单位估价子目，计取的各项费用及其计算基数和标准。

（3）分解对比审查法。这是把一个单位工程按直接费和间接费进行分解，再把直接费按分部分项进行分解或把材料消耗量进行分解，分别与审查的标准结算或综合指标进行对比的方法。如发现某一分部工程价格相差较大，再进一步对比其分项详细子目，重点审查该工程量和单价。此法的特点是一般不需翻阅图纸和重新计算工程量，审查时选用1～2种指标即可，既快又正确。

（4）标准预算审查法。对于全部采用标准图纸或通用图纸施工的工程，以事先编制标准预算为参考审查结算的一种方法。采用标准设计图或通用图纸施工的工程，在结构和做法上一般相同，只是由于现场施工条件的不同有局部的改变。这样的工程结算不需逐项详细审查，可事先集中力量编制或全面详细审查标准图纸的预算，作为标准预算，以后凡采用该标准图纸或通用图纸的工程，皆以该标准预算为准，对照审查。局部修改的部分单独审查即可。这种方法的优点是审查时间短，效果好；缺点是适用范围小，只能针对采用标准图纸或通用图纸的工程。

（5）筛选法。筛选法是统筹法的一种。同类建筑工程虽然面积、高度等项指标不同，但是它们的各分部分项工程的单位建筑面积的各项数据变化不大。因此，可以把建筑各分部分项工程的数据加以汇集、优选，归纳出其单位面积上的工程量、价格及人工等基本数值，作为此类建筑的结算标准。以这类基本数值来筛选建设工程结算的分部分项工程数据，如数值在基本数值范围以内则可以不审，否则就要对该分部分项工程详细审查。如果所审查的结算的建筑标准与"基本数值"所适用的建筑标准不同，则需进行调整。筛选法的优点是审查速度快、发现问题快，适用于住宅工程或不具备全面审查条件的工程。

7.4.5　工程造价中的价差调整方法

我国现行工程价款的结算基本是按照预算价值，以合同单价和各地方工程造价管理部门颁布的调价文件为依据进行，在结算中对价格波动（通货膨胀或通货紧缩）等动态因素考虑不足，使承包商或业主遭受损失。因此，必须把多种动态因素纳入结算过程中加以考虑，使工程结算价款额度能够基本上反映工程项目的实际消耗费用，保护双方利益。

工程造价价差调整的方法主要有工程造价指数调整法、实际价格调整法、调整文件计算法和调值公式法等。

1. 工程造价指教调整法

发包人和承包人采取合同签订时的预算定额单价计算出承包合同价，竣工时，根据合理的工期及当地工程造价管理部门所公布的该月（或季度）的工程造价指数，对原承包合同予以调整，重点调整由于实际人工费、材料费、施工机械费等上涨及工程变更因素造成的价差。

2. 实际价格调整法

主要是指对钢材、木材、水泥三大材料的价格按实际价格结算的方法，承包人要凭发票按实报销，进行结算。

3. 调价文件计算法

发、承包双方采取按合同签订时的合同发承包价格，在合同工期内，按照造价管理部门调价文件的规定进行抽料补差，在同一价格期内按所完成的材料用量乘以价差计算。也有的地方定期发布主要材料供应价格和管理价格，对工程进行抽料补差。

4. 调值公式法

根据国际惯例，对建设项目工程价款的动态结算一般采用此方法。发、承包双方在签订合同时明确调值公式，以此作为价差调整的计算依据。

建筑安装工程费用价格调值公式一般包括固定部分、材料部分和人工部分。但当建筑安装工程的规模和复杂性增大时，公式也变得更为复杂。

在运用这一调值公式进行工程价款价差调整中要注意以下几点。

（1）通常固定要素的取值范围在 0.15~0.35。固定要素对调价的结果影响较大，它与调价差额成反比关系。承包人在调值公式中采用的固定要素取值要尽可能偏小。

（2）调值公式中有关的各项费用，按一般国际惯例，只选择用量大、价格高且具有代表性的一些人工费和材料费，通常是大宗的水泥、砂石料、钢材、木材、沥青等，并且它们的价格指数变化综合代表材料费的价格变化，以便尽量与实际情况接近。

（3）各部分成本的占比系数，在许多招标文件中要求承包人在投标中提出，并在价格分析中予以论证。也有由发包人（业主）在招标文件中规定一个允许范围，由投标人在此范围内选定。

（4）调整有关各项费用与合同条款规定相一致。签订合同时，甲乙双方一般应商定调整的有关费用和因素，以及物价波动到何种程度才进行调整。在国际工程中，一般在变动 5％以上时才调整。

（5）调整有关各项费用时应注意地点与时点。地点一般指工程所在地或指定的某地市场价格，时点指的是某月某日的市场价格。这里要确定两个时点价格，即签订合同时的时点价格（基础价格）和每次支付前的一定时间的时点价格。这两个时点是计算调价的依据。

（6）确定每个品种的系数和固定要素系数，各品种的系数要根据该品种价格对总造价的影响程度而定。各品种系数之和加上固定要素系数应该等于1。

8 建设项目竣工阶段造价控制及项目后评价

8.1 竣工验收

8.1.1 竣工验收概述

1. 竣工验收的概念

建设工程项目竣工验收是指由建设单位、施工单位和项目验收委员会，以项目批准的设计任务书、设计文件以及国家或部门颁发的施工验收规范和质量检验标准为依据，按照一定的程序和手续，在项目建成并试生产合格后（工业生产性项目），对工程项目的总体进行检验、认证、综合评价和鉴定的活动。竣工验收是建设工程的最后阶段，是建设项目施工阶段和保修阶段的中间过程，是全面检验建设项目是否符合设计要求和工程质量检验标准的重要环节。

建设项目竣工验收，按被验收的对象划分，可分为单位工程验收（又称"中间验收"）、单项工程验收（又称"交工验收"）和工程整体验收（又称"动用验收"）。通常所说的建设工程项目竣工验收指的是"动用验收"，即建设单位在建设工程项目按批准的设计文件所规定的内容全部建成后，向使用单位交工的过程。

2. 竣工验收的范围

凡新建、扩建、改建的基本建设项目和技术改造项目，已按批准的设计文件所规定的内容建成，工业项目经负荷试车考核（引进国外设备项目合同规定试车考核期满）或试运行期能够生产合格产品，非工业项目符合设计要求，能够正常使用，都要及时组织验收。验收合格后，才能移交生产或交付使用；若工程未经竣工验收或竣工验收未通过的，发包人不得使用。发包人强行使用时，由此发生的质量问题及其他问题由发包人承担责任。凡是符合验收条件的工程，3个月内不办理竣工验收和固定资产移交手续的，视为该项目已正式投产，其一切费用不得从基建投资中支付，所实现的收入作为生产经营收入，不再作为基建收入管理。

3. 建设项目竣工验收的任务

建设项目通过竣工验收后，由承包人移交发包人使用，并办理各种移交手续，这时标志着建设项目全部结束，即建设资金转化为使用价值。建设项目竣工验收主要有以下任务。

（1）发包人、勘察和设计单位、承包人分别对建设项目的决策和论证、勘察和设计以及施工的全过程进行最后的评价，对各自在建设项目进展过程中的经验和教训进行客观的评价，以保证建设项目按设计要求和各项技术经济指标正常使用。

（2）办理建设项目的验收和移交手续，并办理建设项目竣工结算和竣工决算，以及建设项目的档案资料的移交和保修手续费等，总结建设经验，提高建设项目的经济效益和管理水平。

（3）承包人通过竣工验收应采取措施将该项目的收尾工作和包括市场需求、"三废（废气、废水、废渣）"治理、交通运输等在内的遗留问题尽快处理好，确保建设项目尽快发挥效益。

4. 竣工验收的作用

（1）全面考核建设成果，检查设计、工程质量是否符合要求，确保项目按设计要求的各项技术经济指标正常使用。

（2）通过竣工验收办理固定资产使用手续，可以总结工程建设经验，为提高建设项目的经济效益和管理水平提供重要依据。

（3）建设项目竣工验收是项目施工阶段的最后一个程序，是建设成果转入生产使用的标志，是审查投资使用是否合理的重要环节。

（4）建设项目建成投产交付使用后，能否取得良好的宏观效益，需要经过国家权威管理部门按照技术规范、技术标准组织验收确认。因此，竣工验收是建设项目转入投产使用的必要环节。

8.1.2　竣工验收的依据和标准

1. 竣工验收的依据

（1）上级主管部门对该项目批准的各种文件，包括可行性研究报告、初步设计，以及与项目建设有关的各种文件。

（2）工程设计文件，包括施工图纸及说明、设备技术说明书等。

（3）国家颁布的各种标准和规范，包括现行的工程施工及验收规范、工程质量检验评定标准等。

（4）合同文件，包括施工承包的工作内容和应达到的标准，以及施工过程中的设计修改变更通知书等。

2. 竣工验收的标准

（1）工业建设项目竣工验收标准。根据国家规定，工业建设项目竣工验收、交付生产使用，必须满足以下要求。

①生产性项目和辅助性公用设施已按设计要求完成，能满足生产使用。

②主要工艺设备配套经联动负荷试车合格，形成生产能力，能够生产出设计文件所规定的产品。

③必要的生活设施已按设计要求建成并合格。

④生产准备工作能够适应投产的需要。

⑤环境保护设施，劳动、安全和卫生设施，消防设施已按设计要求与主体工程同时建成使用。

⑥设计和施工质量已经过质量监督部门检验并作出评定。

⑦工程结算和竣工决算已经通过有关部门的审查和审计。

（2）民用建设项目竣工验收标准

①建设项目各单位工程和单项工程，均已符合项目竣工验收标准。

②建设项目配套工程和附属工程，均已施工结束，达到设计规定的相应质量要求，并具备正常使用条件。

8.1.3 竣工验收的内容

不同的建设工程项目，其竣工验收的内容不完全相同，一般包括两大部分，即工程资料验收和工程内容验收。

1. 工程资料验收

工程资料验收包括工程技术资料验收、工程综合资料验收和工程财务资料验收。

（1）工程技术资料验收内容

①工程地质、水文、气象、地形、地貌，建筑物、构筑物及重要设备安装位置、勘察报告、记录。

②初步设计、技术设计或扩大初步设计、关键的技术试验、总体规划设计。

③土质试验报告、基础处理。

④建筑工程施工记录、单位工程质量检验记录，管线强度、密封性试验报告，设备及管线安装施工记录及质量检查、仪表安装施工记录。

⑤设备试车、验收运转、维修记录。

⑥产品的技术参数、性能、图样、工艺说明、工艺规程、技术总结、产品检验、包装、工艺图。

⑦设备图样、说明书。

⑧涉外合同，谈判协议、意向书。

⑨各单项工程及全部管网竣工图等资料。

（2）工程综合资料验收内容。工程综合资料验收内容包括项目建议书及批件、可行性研究报告及批件、项目评估报告、环境影响评估报告书、设计任务书、土地征用申报及批件、招标投标文件、承包合同、施工执照、建设项目竣工验收报告、验收鉴定书等。

（3）工程财务资料验收内容

①历年建设资金供应（拨、贷）情况和应用情况。

②历年年度投资计划、财务收支计划。

③建设成本资料。

④支付使用的财务资料。

⑤设计概算、预算资料。

⑥施工决算资料。

2. 工程内容验收

工程内容验收包括建筑工程验收和安装工程验收两部分。

（1）建筑工程验收内容

①建筑物的位置、标高、轴线是否符合要求。

②对基础工程中的土石方工程、垫层工程、砌筑工程等资料的审查（"交工验收"时已验收）。

③对结构工程的砖木结构、砖混结构、内浇外砌结构、钢筋混凝土结构的审查验收。

④对屋面工程的保温层、防水层等的审查验收。

⑤对门窗工程的审查验收。

⑥对装修工程的审查验收。

（2）安装工程验收内容

①建筑设备安装工程。建筑设备安装工程指民用建筑物中的上下水管道、暖气、煤气、通风、电气照明等安装工程。验收时，应检查这些设备的规格、型号、数量、质量是否符合设计要求，检查安装时的材料、材质、材种，检查试压、闭水试验、照明。

②工艺设备安装工程。工艺设备安装工程包括生产、起重、传动、试验等设备的安装，以及附属管线敷设和涂装、保温等。验收时，应检查设备的规格、型号、数量、质量，设备安装的位置、高程、机座尺寸、质量，单机试车、无负荷联动试车、有负荷联动试车，管道的焊接质量、清洗、吹扫、试压、试漏及各种阀门。

③动力设备安装工程。动力设备安装工程指有自备电厂的项目或变配电室（所）、动力配电线路的验收。

8.1.4　竣工验收的方式与程序

1. 工程竣工验收的方式

为了保证建设工程项目竣工验收的顺利进行，必须按照建设工程项目总体计划的要求，以及施工进展的实际情况分阶段进行。项目施工达到验收条件的验收方式可分为单位工程竣工验收、单项工程竣工验收和工程整体竣工验收三大类。规模较小、施工内容简单的建设工程项目，也可以一次进行全部项目的工程整体竣工验收。

（1）单位工程竣工验收。单位工程竣工验收是承包人以单位工程或某专业工程为对象，独立签订建设工程施工合同，达到竣工条件后，承包人可单独交工，发包人根据竣工验收的依据和标准，按施工合同约定的工程内容组织竣工验收。这阶段工作由监理单位组织，发包人和承包人派人参加验收工作，单位工程验收资料是最终验收的依据。

（2）单项工程竣工验收。单项工程竣工验收是在一个总体建设项目中，一个单项工程已完成设计图纸规定的工程内容，能满足生产要求或具备使用条件，承包人向监理单位提交"工程竣工报告"和"工程竣工报验单"，经鉴认后向发包人发出"交付竣工验收通知书"，说明工程完工情况、竣工验收准备情况及设备无负荷单机试车情况，具体约定单项工程竣工验收的有关工作。此阶段工作由发包人组织，会同承包人、监理单位、设计单位和使用单位等有关部门完成。

（3）工程整体竣工验收。工程整体竣工验收是建设项目已按设计规定全部建成、达到竣工验收条件，由发包人组织设计、施工、监理等单位和档案部门进行全部工程的竣工验收。

大、中型和限额以上项目由发展改革委、由其委托项目主管部门或地方政府部门组织验收，小型和限额以下项目由项目主管部门组织验收。验收委员会由银行、物资、环保、劳动、统计、消防及其他有关部门组成，业主、监理单位、施工单位、设计单位和使用单位参加验收工作。

2. 竣工验收的程序

建设项目全部建成，经过各单项工程的验收符合设计的要求，并具备竣工图表、竣工决算、工程总结等必要文件资料，由建设项目主管部门或发包人向负责验收的单位提出竣工验收申请报告，按程序验收。工程验收报告应经项目经理和承包人及有关负责人审核签字。竣工验收的一般程序如下。

（1）承包人申请交工验收。承包人完成了合同工程或按合同约定可分部移交工程的，可申请交工验收。交工验收一般为单项工程，但在某些特殊情况下也可以是单位工程的施工内容，诸如特殊基础处理工程、发电站单机机组完成后的移交等。承包人工程达到竣工条件后，应先进行预检验，对不符合要求的部位和项目，确定修补措施和标准，修补有缺陷的工程部位；对于设备安装工程，要与发包人和监理工程师共同进行无负荷的单机和联动试车。承包人在完成上述工作和准备好竣工资料后，即可向发包人提交"工程竣工报验单"。

（2）监理工程师现场初步验收。监理工程师收到"工程竣工报验单"后，应由监理工程师组成验收组，对竣工的工程项目的竣工资料和各专业工程的质量进行初验，在初验中发现的质量问题，要及时书面通知承包人，令其修理甚至返工。经整改合格后，监理工程师签署"工程竣工报验单"，并向发包人提出质量评估报告，至此现场初步验收工作结束。

（3）单项工程验收。单项工程验收由发包人组织，由监理单位、设计单位、承包人及工程质量监督站等参加，主要依据国家颁布的有关技术规范和施工承包合同，对以下几个方面进行检查或检验。

①检查、核实竣工项目准备移交给发包人的所有技术资料的完整性、准确性。

②按照设计文件和合同，检查已完工程是否有漏项。

③检查工程质量、隐蔽工程验收资料，关键部位的施工记录等，考察施工质量是否达到合同要求。

④检查试车记录及试车中所发现的问题是否得到改正。

⑤在交工验收中发现需要返工、修补的工程，明确规定完成期限。

⑥其他相关问题。

验收合格后，发包人和承包人共同签署"交工验收证书"，然后由发包人将有关技术资料和试车记录、试车报告及交工验收报告一并上报主管部门，经批准后，该部分工程即可投入使用。验收合格的单项工程，原则上在全部工程验收时不再办理验收手续。

（4）全部工程的竣工验收。全部施工过程完成后，由国家主管部门组织，发包人参与全部工程竣工验收，分为验收准备、预验收和正式验收三个阶段。

①验收准备。发包人、承包人和其他有关单位均应进行验收准备，验收准备的主要工作内容如下。

a. 收集、整理各类技术资料，分类装订成册。

b. 核实建筑安装工程的完成情况，列出已交工程和未完工程一览表，包括单位工程名称、工程量、预算估价以及预计完成时间等内容。

c. 提交财务决算分析。

d. 检查工程质量，查明须返工或补修的工程并提出具体的时间安排，预申报工程质量等级的评定，做好相关材料的准备工作。

e. 整理汇总项目档案资料，绘制工程竣工图。

f. 登载固定资产，编制固定资产构成分析表。

g. 落实生产准备各项工作，提出试车检查的情况报告，总结试车考评情况。

h. 编写竣工结算分析报告和竣工验收报告。

②预验收。建设项目竣工验收准备工作结束后，由发包人或上级主管部门会同监理单位、设计单位、承包人及有关单位或部门组成预验收组进行预验收。预验收的主要工作内容如下。

a. 核实竣工验收准备工作内容，确认竣工项目所有档案资料的完整性和准确性。

b. 检查项目建设标准、评定质量，对竣工验收准备过程中有争议的问题和有隐患及遗留问题提出处理意见。

c. 检查财务账表是否齐全并验证数据的真实性。

d. 检查试车情况和生产准备情况。

e. 编写竣工预验收报告和移交生产准备情况报告，在竣工预验收报告中应说明项目的概况、对验收过程进行阐述、对工程质量作出总体评价。

③正式验收。建设项目的正式竣工验收是由国家、地方政府、建设项目投资商或开发商以及有关单位领导和专家参加的最终整体验收。大、中型和限额以上的建设项目，由国家投资主管部门、其委托项目主管部门或地方政府组织验收，一般由竣工验收委员会（或验收小组）主任（或组长）主持，具体工作可由总监理工程师组织实施；国家重点工程的大型建设项目，由国家有关部委邀请有关方面参加，组成工程验收委员会进行验收；小型和限额以下的建设项目由项目主管部门组织。发包人、监理单位、承包人、设计单位和使用单位共同参加验收工作。

a. 发包人、勘察设计单位分别汇报工程合同履约情况以及在工程建设各环节执行法律、法规与工程建设强制性标准的情况。

b. 听取承包人汇报建设项目的施工情况、自验情况和竣工情况。

c. 听取监理单位汇报建设项目监理内容和监理情况及对项目竣工的意见。

d. 组织竣工验收小组全体人员进行现场检查，了解项目现状、查验项目质量，及时发现存在和遗留的问题。

e. 审查竣工项目移交生产使用的各种档案资料。

f. 评审项目质量，对主要工程部位的施工质量进行复验、鉴定，对工程设计的先进性、合理性和经济性进行复验和鉴定，按设计要求和建筑安装工程施工的验收规范和质量标准进行质量评定验收。在确认工程符合竣工标准和合同条款规定后，签发竣工验收合格证书。

g. 审查试车规程，检查投产试车情况，核定收尾工程项目，对遗留问题提出处理意见。

h. 签署竣工验收鉴定书，对整个项目作出总的验收鉴定。

整个建设项目进行竣工验收后，发包人应及时办理固定资产交付使用手续。在进行竣工验收时，对验收过的单项工程可以不再办理验收手续，但应将单项工程交工验收证书作为最终验收的附件而加以说明。发包人在竣工验收过程中，如发现工程不符合竣工条件，应责令承包人进行返修，并重新组织竣工验收，直到验收通过。

8.2 竣工决算

8.2.1 竣工决算概述

1. 建设项目竣工决算的概念

建设项目竣工决算是指建设项目竣工后，由建设单位编制的，向国家报告财务状况和建设成果的总结性文件。它是建设项目竣工验收报告的重要组成部分，综合反映建设项目从筹建开始到项目竣工交付为止的全部建设费用、投资效果和财务情况。借助竣工决算，既能够正确反映建设工程的实际造价和投资结果，又可以通过竣工决算与概算、预算的对比分析，考核投资控制的工作成效，为工程建设提供重要的技术经济方面的基础资料，提高未来工程建设的投资效益。

《财政部关于印发〈基本建设项目竣工财务决算管理暂行办法〉的通知》（财建〔2016〕503 号）指出，基本建设项目完工可投入使用或者试运行合格后，应当在 3 个月内编报竣工财务决算，特殊情况确需延长的，中小型项目不得超过 2 个月，大型项目不得超过 6 个月。建设周期长、建设内容多的大型项目，单项工程竣工财务决算可单独报批，单项工程结余资金在整个项目竣工财务决算中一并处理。中央项目竣工财务决算，由财政部制定统一的审核批复管理制度和操作规程。中央项目主管部门本级以及不向财政部报送年度部门决算的中央单位的项目竣工财务决算，由财政部批复；其他中央项目竣工财务决算，由中央项目主管部门负责批复，报财政部备案。国家另有规定的，从其规定。地方项目竣工财务决算审核批复管理职责和程序要求由同级财政部门确定。经营性项目的项目资本中，财政资金所占比例未超过 50% 的，项目竣工财务决算可以不报财政部门或者项目主管部门审核批复。项目建设单位应当按照国家有关规定加强工程价款结算和项目竣工财务决算管理。

对中央级大中型项目、国家确定的重点小型项目，竣工财务决算的审批实行"先审核、后审批"，即先委托财政投资评审机构或经财政部认可的有资质的中介机构对项目单位编制的竣工财务决算进行审核，再按规定批复项目竣工财务决算。对审核中审减的概算内投资，经财政部审核确认后，按投资来源比例归还投资方。

2. 工程竣工结算与竣工决算的比较

建设项目竣工决算以工程竣工结算为基础编制。在整个建设项目竣工结算基础上，加上从筹建开始到工程全部竣工的有关基本建设的其他工程和费用支出，便构成了建设项目竣工决算的主体。

（1）编制单位不同。竣工结算由施工单位编制，竣工决算由建设单位编制。

（2）编制范围不同。竣工结算主要是针对单位工程编制的，单位工程竣工后便可编制；竣工决算是针对建设项目编制的，必须在整个建设项目全部竣工后才可以编制。

（3）编制作用不同。竣工结算是建设单位与施工单位结算工程价款的依据，是核对施工企业生产成果和考核工程成本的依据，是建设单位编制建设项目竣工决算的依据；竣工决算是建设单位考核基本建设投资效果的依据，是正确确定固定资产价值和正确计算固定资产折旧费的依据。

3. 竣工决算的作用

建设项目竣工决算的作用主要表现在以下几个方面。

（1）竣工决算是综合、全面地反映竣工项目建设成果及财务情况的总结性文件。竣工决算采用货币指标、实物数量、建设工期和各技术经济指标，综合、全面地反映建设项目从筹建开始到竣工为止的全部建设成果和财务状况。

（2）竣工决算是竣工验收报告的重要组成部分，也是办理交付使用资产的依据。建设单位与使用单位在办理交付资产的验收交接手续时，通过竣工决算反映了交付使用资产的全部价值，包括固定资产、流动资产、无形资产和其他资产的价值，同时详细提供了交付使用资产的名称、规格、数量、型号和价值等明细资料，是使用单位确定各项新增资产价值并登记入账的依据。

（3）竣工决算是分析、检查设计概算的执行情况以及考核投资效果的依据。借助竣工决算，可分析工程的实际成本与概预算成本之间的差异，可考核建设项目的投资效果，为有关部门制定类似项目的建设计划和修订概预算定额提供资料。

8.2.2　竣工决算的编制依据和要求

1. 竣工决算的编制依据

（1）经批准的可行性研究报告及其投资估算。

（2）经批准的初步设计或扩大初步设计及其概算或修正概算。

（3）经批准的施工图设计及其施工图预算。

（4）设计交底或图纸会审纪要。

（5）招标投标的招标控制价（标底）、承包合同、工程结算资料。

（6）施工记录或施工签证单，以及其他施工中发生的费用记录，如索赔报告与记录、停（交）工报告等。

（7）竣工图及各种竣工验收资料。

（8）历年基建资料、历年财务决算及批复文件。

（9）设备、材料调价文件和调价记录。

（10）有关财务核算制度、办法和其他有关资料、文件等。

2. 竣工决算的编制要求

（1）基本建设项目完工可投入使用或者试运行合格后，应当在 3 个月内编报竣工决算，特殊情况确需延长的，中小型项目不得超过 2 个月，大型项目不得超过 6 个月。

（2）项目竣工决算未经审核前，项目建设单位一般不得撤销，项目负责人及财务主管人员、重大项目的相关工程技术主管人员、概（预）算主管人员一般不得调离。项目建设单位确需撤销的，项目有关财务资料应当转入其他机构承接、保管。项目负责人、财务人员及相关工程技术主管人员确需调离的，应当继续承担或协助做好竣工决算相关工作。

（3）实行代理记账、会计集中核算和项目代建制的，代理记账单位、会计集中核算单位和代建单位应当配合项目建设单位做好项目竣工决算工作。

（4）编制项目竣工决算前，项目建设单位应当完成各项账务处理及财产物资的盘点核实，做到账账、账证、账实、账表相符。项目建设单位应当逐项盘点核实、填列各种材料、设备、工具、器具等清单并妥善保管，应变价处理的库存设备、材料以及应处理的自用固定资产要公开变价处理，不得侵占、挪用。

8.2.3　竣工决算的内容与编制程序

竣工决算由竣工财务决算说明书、竣工财务决算报表、工程竣工图和工程竣工造价比较分析四部分构成。其中，竣工财务决算说明书和竣工财务决算报表统称为"建设项目竣工财务决算"，是竣工决算的核心内容。

1. 竣工财务决算说明书

竣工财务决算说明书主要反映竣工工程建设成果和经验，是对竣工决算报表进行分析和补充说明的文件，是全面考核分析工程投资与造价的书面总结，是竣工决算报告的重要组成部分，其内容主要包括以下几个方面。

（1）建设项目概况，它是对工程总的评价，一般从进度、质量、安全和造价这四个方面进行分析说明。

（2）会计账务的处理、财产物资情况及债权债务的清偿情况等财务分析。

（3）基本建设收入、投资包干结余、竣工结余资金的上交分配情况。

（4）主要技术经济指标的分析、计算情况。

（5）工程建设的项目管理和财务管理以及竣工财务决算中存在的问题、建议。

（6）决算与概算的差异和原因分析。

（7）需说明的其他事项。

2. 竣工财务决算报表

竣工财务决算报表是竣工决算内容的核心部分，根据大中型建设项目和小型建设项目分别编制，具体内容详见表8.1。

表8.1　建设项目竣工财务决算报表构成明细表

项目类型	竣工财务决算报表内容	适用范围
大中型项目	建设项目竣工财务决算审批表 大中型建设项目概况表 大中型建设项目竣工财务决算表 大中型建设项目交付使用资产总表 建设项目交付使用资产明细表	经营性项目投资额在5000万元以上、非经营性项目投资额在3000万元以上的建设项目
小型项目	建设项目竣工财务决算审批表 建设项目竣工财务决算总表 建设项目交付使用资产明细表	其他

（1）建设项目竣工财务决算审批表。该表作为竣工决算上报有关部门审批时使用，

其格式是按照中央级小型项目审批要求设计的，地方级项目可按审批要求做适当修改，大中小型项目均要按照要求填报此表，见表 8.2。

表 8.2 建设项目竣工财务决算审批表

建设项目法人（建设单位）		建设性质	
建设项目名称		主管部门	

开户银行意见：

盖　章
年　月　日

专员办审批意见：

盖　章
年　月　日

主管部门或地方财政部门审批意见：

盖　章
年　月　日

建设项目财务决算审批表的各栏内容按以下要求填报。

①建设性质按新建、扩建、改建、迁建和恢复建设项目等分类填列。

②主管部门是指建设单位的主管部门。

③所有建设项目均须先经开户银行签署意见后，按下列要求报批：a. 中央级小型建设项目属国家确定的重点项目，其竣工财务决算经主管部门审核后报财政部审批，或由财政部授权主管部门审批。其他项目竣工财务决算报主管部门审批，由主管部门签署审批意见；b. 中央级大中型建设项目竣工财务决算，经主管部门审核后报财政部审批；c. 地方级项目、地方级基本建设项目竣工财务决算的报批，由各省、自治区、直辖市、计划单列市财政厅（局）确定。

④已具备竣工验收条件的项目，3 个月内应及时填报审批表。如 3 个月内不办理竣工验收和固定资产移交手续的，视为项目已正式投产，其费用不得从基建投资中支付，所实现的收入作为经营收入，不再作为基建收入管理。

（2）大中型建设项目概况表。该表用来反映建设项目总投资、基建投资支出、新增生产能力、主材消耗和主要技术经济指标等方面的概算与实际完成的情况，大中型建设项目概况表（表 8.3）的各栏内容按以下要求填报。

①建设项目名称、建设地址、主要设计单位和主要施工单位，要按全称填列。

②表中所列新增生产能力、完成主要工程量、主要材料消耗的实际数据，根据建设单位统计资料和施工单位提供的有关成本核算资料填列。

③设计概算批准文号指最后经批准的文件号。

④主要技术经济指标包括单位面积造价、单位生产能力、单位投资增加的生产能力、单位生产成本和投资回收年限等反映投资效果的综合性指标，根据概算和主管部门规定的内容分别按概算和实际填列。

⑤基本建设支出是指建设项目从开工起至竣工为止发生的全部基建支出，包括形成资产价值的交付使用资产，即固定资产、流动资产、无形资产、其他资产支出，以及不

形成资产价值且按规定应核销的非经营性项目的待核销基建支出和转出投资。上述支出，应根据财政部门历年批准的"基建投资表"中的有关数据填列。

表8.3 大中型建设项目概况表

建设项目（单项工程）名称			建设地址				项目	概算/元	实际/元	备注
主要设计单位			主要施工企业			基本建设支出	建筑安装工程投资			
							设备、工具、器具			
占地面积	设计	实际	总投资/万元	设计	实际		待摊投资			
							其中：建设单位管理费			
新增生产能力	能力（效益）名称			设计	实际		其他投资			
							待核销基建支出			
建设起止时间	设计	从 年 月开工至 年 月竣工					非经营项目转出投资			
	实际	从 年 月开工至 年 月竣工					合计			
设计概算批准文号										
完成主要工程量	建设规模				设备/台、套、t					
	设计		实际		设计		实际			
收尾工程	工程项目、内容		已完成投资额		尚需投资额		完成时间			

填报大中型建设项目概况表时，还需要注意以下几点。

a. 建筑安装工程投资支出、设备工器具投资支出、待摊投资支出和其他投资支出构成建设项目的建设成本。

b. 待核销基建支出是指非经营性项目发生的江河清障、航道清淤、补助群众造林、水土保持、城市绿化、取消项目可行性研究费、项目报废及其他经财政部门认可的不能形成资产部分的投资，作待核销处理。在财政部门批复竣工决算后，冲销相应的资金。能够形成资产部分的投资，计入交付使用资产价值。

c. 非经营性项目转出投资是指非经营性项目为项目配套的专用设施投资，包括专用道路、专用通信设施、送变电站、地下管道等，产权归属本单位的，计入交付使用资产价值；产权不归属本单位的，作转出投资处理，冲销相应的资金。

⑥表中的"收尾工程"是指全部工程项目验收后还遗留的少量收尾工程，应明确填写收尾工程内容、完成时间、尚需投资额，完工后不再编制竣工决算。

（3）大中型建设项目竣工财务决算表。它用来反映建设项目的全部资金来源和资金运用情况，是考核和分析投资效果的依据。该表采用平衡表形式，即资金来源合计等于资金支出合计。大中型建设项目竣工财务决算表（表8.4）各栏按如下要求填报。

①表中的"资金来源"包括基建拨款、项目资本金、项目资本公积金、基建借款、上级拨入投资借款、企业债券资金、待冲基建支出、应付款和未交款以及上级拨入资金

和留成收入等。

表8.4 大中型建设项目竣工财务决算表

资金来源	金额	资金占用	金额	补充资料
一、基建拨款		一、基本建设支出		
1. 预算拨款		1. 交付使用资产		
2. 基建基金拨款		2. 在建工程		1. 基建投资借款期末余额
3. 专项建设基金拨款		3. 待核销基建支出		
4. 进口设备转账拨款		4. 非经营项目转出投资		
5. 器材转账拨款		二、应收生产单位投资借款		
6. 煤代油专用基金拨款		三、拨付所属投资借款		2. 应收生产单位投资借款期末数
7. 自筹资金拨款		四、器材		
8. 其他拨款		其中：待处理器材损失		
二、项目资本金		五、货币资金		
1. 国家资本		六、预付及应收款		
2. 法人资本		七、有价证券		3. 基建结余资金
3. 个人资本		八、固定资产		
三、项目资本公积金		固定资产原值		
四、基建借款		减：累计折旧		
五、上级拨入投资借款		固定资产净值		
六、企业债券资金		固定资产清理		
七、待冲基建支出		待处理固定资产损失		
八、应付款				
九、未交款				
1. 未交税金				
2. 未交基建收入				
3. 未交基建包干结余				
4. 其他未交款				
十、上级拨入资金				
十一、留成收入				
合计		合计		

注：1. 项目资本金是经营性项目投资者按国家关于项目资本金制度的规定，筹集并投入项目的非负债资金。经营性项目筹集的资本金，在项目建设期间和生产经营期间，投资者除依法转让外，不得以任何方式抽走。竣工决算后，相应转为生产经营企业的国家资本金、法人资本金、个人资本金和外商资本金。

　　　2. 项目资本公积金是指经营性项目对投资者实际缴纳的出资额超出其资本金的差额（包括发行股票的溢价净收入）、接受捐赠的财产、外币资本折算差额等，在项目建设期间作为资本公积金。项目建成交付使用并办理竣工决算后，相应转为生产经营企业的资本公积金。

　　　3. 基建收入是指在基本建设过程中形成的各项工程建设副产品变价净收入、负荷试车和试运行收入以及其他收入。需注意的是：基建收入应依法缴纳企业所得税，经营性项目基建收入的税后收入，相应转为生产经营企业的盈余公积金；非经营性项目基建收入的税后收入，相应转入行政事业单位的其他收入。

②表中的"预算拨款""自筹资金拨款""其他拨款""项目资本金""基建借款"等项目，是指自开工建设至竣工截止的累计数。应根据历年批复的年度基本建设财务决算和竣工年度的基本建设财务决算中资金平衡表相应项目的数字，经汇总后得出投资额。

③资金占用指建设项目从开工准备到竣工全过程的资金支出，主要包括基本建设支出、应收生产单位投资借款、拨付所属投资借款、器材、货币资金、预付及应收款、有价证券和固定资产等。

④表中的"基建结余资金"是指竣工时的结余资金，应根据竣工财务决算表中有关项目计算填列，基建结余资金计算公式见式（8.1）。

$$基建结余资金＝基建拨款＋项目资本＋项目资本公积金＋基建借款＋企业债券资金＋$$
$$待冲基建支出－基本建设支出－应收生产单位投资借款 \qquad (8.1)$$

（4）大中型建设项目交付使用资产总表。该表是反映建设项目建成后，交付使用新增固定资产、流动资产、无形资产和递延资产的全部价值，作为财产交接、检查投资计划完成情况和分析投资效果的依据。小型项目不编制"交付使用资产总表"，直接编制"交付使用资产明细表"；大中型项目在编制"交付使用资产总表"的同时，还需编制"交付使用资产明细表"。大中型建设项目交付使用资产总表见表8.5。

表8.5　大中型建设项目交付使用资产总表

单项工程项目名称	总计	固定资产					流动资产	无形资产	其他资产
		建筑工程	安装工程	设备	其他	合计			
1	2	3	4	5	6	7	8	9	10

交付单位 盖章	负责人： 年 月 日	接收单位 盖章	负责人： 年 月 日

表中各栏数据根据"建设项目交付使用资产明细表"各相应项目的汇总数分别填写，表中"总计"栏的总计数应与"建设项目竣工财务决算表"中交付使用资产的金额一致。

（5）建设项目交付使用资产明细表。该表是交付使用财产总表的具体化，反映交付使用固定资产、流动资产、无形资产和递延资产的详细内容，是使用单位建立资产明细账和登记新增资产价值的依据。建设项目交付使用资产明细表见表8.6，各栏根据交付使用资产的实际情况分别填写。

表8.6　建设项目交付使用资产明细表

单项工程项目名称	建筑工程			设备、器具、家具						流动资产		无形资产		其他资产	
	结构	面积	价值	名称	规格型号	单位	数量	价值	设备安装费	名称	价值	名称	价值	名称	价值
合计															

交付单位 盖章	负责人： 年 月 日	接收单位 盖章	负责人： 年 月 日

（6）小型建设项目竣工财务决算总表。该表由大中型建设项目概况表与建设项目竣工财务决算表合并而成，用来反映小型建设项目的全部工程和财务情况，其格式与内容见表8.7。

表8.7　小型建设项目竣工财务决算总表

建设项目名称			建设地址				资金来源		资金运用	
初步设计概算批准文号							项目	金额/元	项目	金额/元
							一、基建拨款 其中：预算拨款		一、交付使用资产	
占地面积	计划	实际	总投资/万元	计划		实际			二、待核销基建支出	
				固定资产	流动资产	固定资产	流动资产	二、项目资本金		三、非经营项目转出投资
								三、项目资本公积金		
新增生产能力	能力（效益）名称		设计	实际			四、基建借款		四、应收生产单位投资借款	
							五、上级拨入借款			
建设起止时间	计划		从　年　月　日开工 至　年　月　日竣工				六、企业债券资金		五、拨付所属投资借款	
	实际		从　年　月　日开工 至　年　月　日竣工				七、待冲基建支出		六、器材	
基建支出	项目			概算/元	实际/元		八、应付款		七、货币资金	
	建筑安装工程						九、未付款 其中： 未交基建收入 未交包干收入		八、预付及应收款	
	设备工器具								九、有价证券	
	待摊投资 其中：建设单位管理费								十、原有固定资产	
	其他投资						十、上级拨入资金			
	待核销基建支出						十一、留成收入			
	非经营性项目转出投资									
	合计						合计		合计	

3. 工程竣工图

工程竣工图是真实记录建筑物、构筑物情况的技术文件，是工程进行交工验收的依据，是重要的技术档案。国家规定各项新建、扩建、改建的基本建设工程，特别是隐蔽部位，在施工过程中应及时做好隐蔽工程检查记录，整理好设计变更文件，编制竣工图。编制竣工图的形式和深度，应根据不同情况区别对待，具体要求包括以下几个方面。

（1）按图竣工没有变动的，由施工单位在原施工图上加盖"竣工图"标志后，即作为竣工图。

（2）凡在施工过程中虽有一般性设计变更，但能将原施工图加以修改补充作为竣工图的，可不重新绘制，由施工单位负责在原施工图（必须是新蓝图）上注明修改的部分，并出具设计变更通知单和施工说明，加盖"竣工图"标志后作为竣工图。

（3）结构形式改变、施工工艺改变、平面布置改变等重大改变，不宜再在原施工图上修改的，应重新绘制改变后的竣工图。由设计原因造成的，由设计单位负责重新绘图；由施工原因造成的，由施工单位负责重新绘图；由其他原因造成的，由建设单位自行绘图或委托设计单位绘图。施工单位负责在新图上加盖"竣工图"标志，并附有关记录和说明，作为竣工图。

4. 工程竣工造价对比分析

工程竣工造价对比分析是将决算报表中提供的实际数据与批准的概预算指标进行对比，以反映项目总造价和单方造价是节约还是超支，并在比较分析的基础上总结经验教训。实际工作时，侧重分析主要实物工程量、主要材料消耗量、建设单位管理费等。

（1）考核主要实物工程量。对于实物工程量出入比较大的情况，必须查明原因。

（2）考核主要材料消耗量。根据主要材料实际超概算的消耗量，查明是在工程的哪个环节超出量最大，再进一步查明超耗的原因。

（3）考核建设单位管理费。建设单位管理费的取费标准要按照国家的有关规定，根据竣工决算报表中所列的建设单位管理费与概预算所列的建设单位管理费数额进行比较，依据规定查明是否存在多列或少列的费用项目，确定其节约超支的数额，并查明原因。

5. 竣工决算的编制程序

为了严格执行建设项目竣工验收制度，正确核定新增固定资产价值，考核分析投资效果，建立健全经济责任制，所有新建、扩建和改建等建设项目竣工后，都应及时、完整、正确地编制好竣工决算。竣工决算的编制步骤如下。

（1）收集、整理和分析有关依据资料。在编制竣工决算文件前，必须准备一套完整、齐全的资料，这是准确、迅速编制竣工决算的必要条件。要系统地整理所有的技术资料、工程结算的经济文件、施工图样和各种变更与签证资料，并分析它们的准确性。

（2）清理各项财务、债务和结余物资。在收集和分析有关资料时，要特别注意对建设工程从筹建到竣工投产或使用的全部费用的各项账务、债权和债务的清理，做到工程完毕账目清晰。既要核对账目，又要查点库存实物的数量，做到账实相等、账账相符。对结余的各种材料、工器具和设备，要逐项清点核实，妥善管理，并按规定及时处理，收回资金。对各种往来款项要及时全面清理，为编制竣工决算提供准确的数据和结果。

（3）核实工程变动情况。核实各单位工程、单项工程造价，将竣工资料与原设计图样进行查对、核实，确认实际变更情况。根据经审定的施工单位竣工结算等原始资料，按照有关规定对原预算进行增减调整，重新核定建设项目实际造价。

（4）编制竣工决算报表和说明书。按照竣工决算报表规定的内容，根据资料统计或计算，将其结果填到相应的栏目内，完成所有报表的填写，并按照竣工决算说明的规定内容要求，再根据决算报表中的结果编写文字说明。

（5）做好工程造价对比分析。

（6）清理、装订竣工图。

（7）上报主管部门审查存档。

8.3　竣工决算审计

8.3.1　竣工决算审计的概念

竣工决算审计是指在建设项目竣工验收之前，审计人员按相关法律、行业规定和企业制度对建设项目竣工决算的真实性、完整性、合规性和项目实现的效益进行审查和评价。其主要目的是保障建设资金合理、合法使用，确保建设成本真实准确，恰当评价投资效益，总结建设经验。通常而言，建设项目实施竣工决算审计有以下基本前提条件：建设项目各单项工程已验收合格；按照权责发生制的原则，所有应当计入建设项目的成本费用已全部入账；剩余甲供材料物资已盘点核实、债权债务已清理；单项（单位）工程等办理完竣工结算并已入账，已编制出竣工决算报告，办妥资产交付清单；有关资料已经收集和整理完毕。

8.3.2　竣工决算审计的内容

1. 项目竣工决算资料的完整性审计

完整性审计是指包括对项目建议书编制至竣工决算报告编制时期所有资料的审计。如经批准的可行性研究报告，基本设计、投资概算、设备清单、工程预算、各年度下达的投资计划及调整计划、招评标资料、各种合同及协议书、已办理竣工验收的单项工程的竣工验收资料、竣工财务决算报表等相关资料。

2. 项目基本建设程序执行情况审计

项目基本建设程序审计是对项目决策、立项、审批及调整过程是否符合国家规定的审批权限和审批程序要求以及施工准备工作是否按国家有关规定完成的审计。

3. 项目组织管控情况审计

建设项目是否制定了相应的内控制度，内控制度是否健全、完善、科学、有效；项目建设工期是否按批复要求有效控制。

4. 财务管理及会计核算情况审计

建设单位是否按照相关制度实施财务管理和会计核算；是否依据财务会计制度设置会计科目，对建设成本正确归集，会计核算是否准确；生产费用与建设成本以及同一机构管理的不同建设项目之间是否成本混淆，往来款项是否真实、合法，有无"账外账"等违纪情况。

5. 资金到位和资金使用情况审计

投资计划是否按项目批复概算全额下达，建设资本金是否按投资计划及时足额拨付项目建设单位。项目建设资金是否实行专户、专人、专项管理，有无截留、挤占、挪用、转移建设资金等问题；项目建设资金使用是否建立了严格的审批管理制度；基建收入是否按照基本建设财务制度的有关规定进行处理。

6. 概算执行情况审计

核定项目总投资，审查项目投资中设备购置费、主要材料费、安装工程费、建筑工程费是否按批复的初步设计组织建设，有无擅自扩大建设规模、提高建设标准、增加建设内容或因管理问题导致概算超支的情况。审查固定资产其他费用、无形资产投资、其他资产投资、其他相关投资、建设期贷款利息、流动资金等的概算执行情况，审查有无超概算的情况，并分析原因。审查批复概算其他费用中基本预备费和价差预备费的使用情况。

7. 交付使用资产情况审计

审查交付的固定资产、工器具、备品备件、办公及生活家具的移交手续是否合规，对移交手续不合规的要根据具体情况进行抽查，重点查明有无虚交或账外资产等问题。审查交付无形资产、其他资产是否真实、准确。

8. 工程结算情况审计

查阅工程承包合同，对合同约定建设内容进行逐项核对，检查实际建设内容是否与约定相符，有无偷工减料、人为降低建设标准或其他不按约定内容实施等问题。检查工程进度统计报表及有关结算资料，对承包范围以外另行结算的建设内容进行清理检查，关注其是否重复进行结算。检查工程设计漏项、现场签证、设计变更等追加费用的依据是否充分，变更内容是否合理，变更手续是否齐全。是否符合国家和总公司有关规定。采取统计抽样的方式进行抽查，对增加的工程费用进行复核，根据抽查资料对总体情况进行推算。检查承包单位提供的工程设备材料价差汇总情况，通过追查采购合同对比明细概算等方式对该类费用增加进行复核。对业主自行采购的物资是否超出设计范围。

9. 尾工工程审计

根据总概算和工程形象进度，核实尾工工程的未完工程量和尾工投资是否合理，依据是否充分，有无超概算范围的工程内容等问题。

8.3.3 竣工决算审计方法

结合我国现阶段建设工程项目竣工决算审计工作的有效落实来看，比较常用的审计方法有以下几项。

1. 全面审查法

在当前建设工程项目竣工决算审计过程中，全面审查法的应用是比较常见的一种手段，其主要是针对相应的建设工程项目实施全部资料和图纸文件进行全面审核分析，尤其是对于相应的工程量，可以做到较为全面系统的审查控制。这种全面审查法的应用比较可靠，说服力较强，但是需要消耗大量的审计时间，相应的落实难度也比较大，需要重点把握好审计工作中涉及的各个计算要点内容，减小偏差。该方法在一些较为繁杂的建设工程项目中得到了较好运用。

2. 重点抽查法

对于重点抽查法的有效应用同样能够在建设工程项目竣工决算审计过程中取得较为理想的积极作用效果。重点抽查法并非针对整个建设工程项目的各个方面进行系统分析，而是具体到一些较为核心的重点项目中进行探讨，确保这些关键项目的竣工决算合理性和准确性。重点抽查法一般被应用在一些工程规模较大的建设项目中，能够较快发现其中可能存在的问题和缺陷，但同时容易忽略掉一些问题和缺陷，给建设工程项目竣工决算审计准确性带来一定的影响。

3. 核对法

合理运用核对法能够有效落实建设工程项目竣工决算审计工作，这种核对法的运用主要是针对工程项目中的施工图以及竣工图进行核对分析，了解两者间是否存在明显的差异性，尤其是对于一些工程变更问题进行重点探索了解，降低该方面带来的不良影响。该方法的应用能够针对相应的现场变更签证以及工程量、施工材料应用等方面形成较为理想的审核控制效果，较好保障工程项目落实的可靠性，尤其是对于建设工程项目实施过程中出现的一些虚列工程量或者工程材料浪费问题，其积极控制效果比较明显。当然，这种审计方法的应用需要切实保障相应的施工图以及竣工图具备可靠性和全面性，避免这一基本依据出现偏差或者漏洞。

4. 市场调查法

市场调查法是通过市场调查的方式来了解建设工程项目造价的合理性和准确性，进而避免出现一些偏差问题。该方法在施工材料价格的审计方面具备较为理想的作用效果，能够有效发现该方面存在的一些偏差问题，进而达到审计目的。

5. 勘察法

该方法的应用主要是针对施工现场进行重点审查了解，核查工程实际状况和相应的工程资料之间是否存在着较为理想的一致性效果，对于发现的差异性问题进行重点分析，最终达到审计的目的。这种勘察法在工程资料可靠性的判定上具有较好的应用效果。

8.4 项目工程造价后评价

8.4.1 项目后评价概述

建设项目后评价又被称为"项目事后评价"，是指在项目建成投产并达到设计生产能力后，通过对项目前期工作、项目实施阶段、项目运营阶段的综合研究，衡量和分析项目的实际情况及与预测情况的差距，确定有关项目预测和判断是否正确并分析其原因，其主要目的是从中吸取经验教训，以便科学、合理地作出决策，提高管理水平。

开展项目后评价必须遵循项目评价的一般原则，还应当遵守项目后评价本身所具有的一些基本原则，包括项目前后对照原则、"惩前毖后"原则、独立评价原则、实用性原则，真正把后评价工作做到位。

建设项目工程造价后评价作为对整个建设项目的一次综合性评价，也是对该项目工程造价的总结。一方面总结在整个项目建设期有效控制、全面管理造价的经验，另一方面分析在控制造价方面的不足，尽可能找出因主观原因而影响总体造价管理的因素，并加以克服。总之，借助建设项目的后评价，可以达到肯定成绩、总结经验、分析问题、吸取教训、提出建议、改进工作、不断提高项目决策水平和投资效果的目的，使造价控制工作有始有终。

8.4.2 项目工程造价后评价内容

设置建设项目后评价指标是为了从衡量和分析建设项目实际效果以及建设项目实际效果与预测效果偏离的程度，可为建设项目后评价的定性分析提供依据。着重抓住项目的投资决策、投资管理、资金使用和投资效果四个环节来评价经济性、效率性和效果性，以达到节约投资，减小损失、浪费，提高投资效益的目标。一方面，要紧紧围绕投资决策、投资管理等环节，抓住资金流程整个主线，从立项、拨付、管理和使用等环节进行检查，重点查处和反映由于决策失误、管理不善等造成的严重损失浪费问题；另一方面，要紧紧围绕投资的经济性、效率性和效果性，对整个项目进行评价，主要评价是否达到了预期的目标，经济效益和社会效益是否得到提高。下面围绕工程建设的过程确立后评价指标。

1. 投资决策阶段的后评价

在投资决策环节，侧重点为经济性和效果性。从项目决策程序、可行性研究和项目设计着手，注重对投资决策的科学性、合理性作出独立评价。可以采取对比分析法，即将项目可行性研究报告、初步设计等前期计划与项目实际运营结果相比较，以发现项目可行性研究不充分、决策不科学等情况，找出变化及其原因。

2. 勘察设计阶段的后评价

对项目勘察设计的后评价主要是针对项目设计方案的评价，包括设计指导思想、方案比选、设计变更等各方面的情况及原因分析。查询是否采用了价值工程、限额设计等方法。在这里可以进行两项对比：一是项目实现环境与可研阶段预测的是否发生变化；二是项目实际实现结果与勘测设计时的变化和差别，这里分析的重点是项目投资概算、设计变更等。

3. 采购招标投标阶段的后评价

对采购招标投标工作的后评价，应该包括招标投标公开性、公平性和公正性的评价，在这里重点是招标方式的选择。工程项目采用何种招标方式来选择实施单位关系到工程经济合理性。主要招标方式包括公开招标，即无限竞争性招标；邀请招标，即有限竞争性招标；议标方式等。项目采购招标的主要内容有建设工程、设备物资、咨询服务等三项采购招标。

4. 工程实施阶段的后评价

工程实施阶段是项目建设从书面的设计与计划转变为实施的全过程，是项目建设的关键。工程实施阶段的后评价包括：项目的合同执行情况分析，工程实施及管理分析，项目概预算的执行情况分析，检查工程结算和决算情况，看工程价款结算与实际完成投资的真实性以及工程造价的有效性等。

在项目实施阶段，后评价应抓住项目周期关键时点的主要指标的变化。找出差异或偏离，就可以比较顺利地进行分析和评价。

9 建设项目造价控制新技术理念的应用

9.1 BIM 技术在建设项目全过程造价控制中的应用

9.1.1 BIM 技术概述

BIM（Building Information Modeling，建筑信息模型）是一种基于数字化技术的建筑设计、施工和运营管理方法。它通过将建筑物的各个方面（包括几何形状、材料、构造、设备、工程量等）以数字化的方式建模，实现了建筑设计、施工和运营过程的集成化和协同化。

BIM 技术的第一个特点是模拟性，它利用建模软件将建筑项目的各个组成部分进行三维建模，包括建筑结构、设备、材料等。建筑师、工程师和设计师可在虚拟环境中对建筑项目进行模拟，从而更好地理解和评估设计方案的可行性。

BIM 技术的第二个特点是可视化，能将建筑模型以三维形式呈现，使得项目各个方面的信息能够直观地展示出来。将建筑模型以可视化的方式呈现给各个项目参与方，包括设计师、施工方、业主等，能直观地传达设计意图、施工要求和预算情况，提高沟通效率和准确性。

BIM 技术在工程造价管理中起着重要的作用。BIM 技术可以实现工程项目的全生命周期管理，从设计阶段到施工阶段再到运营阶段，通过建立一个统一的数字模型，实现信息的共享和协同，提高工程项目的效率和质量。BIM 技术能够实现工程造价的精确预测和控制。建立一个包含各种工程元素和材料的数字模型，可以准确计算出工程项目的造价，并在项目的不同阶段实时控制和调整成本，避免造成浪费。

9.1.2 BIM 技术与建设项目决策和设计阶段造价控制

1. BIM 技术方案比选

建设项目决策阶段，方案设计主要指从建设项目的需求出发，根据建设项目的设计条件，研究分析满足建筑功能和性能的总体方案，提出空间架构设想、创意表达形式及结构方式的初步解决方法等，为项目设计后续若干阶段的工作提供依据及指导性的文件，并对建筑的总体方案进行初步的评价、优化和确定。

在方案设计中，由于建筑功能的实现可能存在不同的途径和方法，工程设计人员在设计时会形成不同的设计方案。为了优选出最佳设计方案，需分析各设计方案的技术先进与经济合理性并进行比选。但在实际执行过程中，由于传统 CAD（Computer Aided Design，计算机辅助设计）大多为二维设计成果，缺乏快速、准确量化和直观检验的有效手段，设计阶段透明度很低，难以进行工程造价的有效控制。建筑信息模型中不仅包含建筑空间和建筑构件的几何信息，还包括构件的材料属性，可以将这些信息传递到专业化的工程计量软件中，由工程计量软件自动产生符合相应规则的构件工程量。这一过程既可以提高效率，避免在工程计量软件中二次重复建模，又可以及时反映与设计深度、设计质量对应的工程造价水平，为限额设计和价值工程在方案比选上的应用提供了必要的设计方案模型及技术基础。

设计方案比选方法主要有多指标法、单指标法以及多因素评分法。无论采用哪种方法，都需要有相应的基础数据，而 BIM 技术方案模型数据库可以自动地为方案比选提取基础信息数据，满足方案比选的数据需求。

2. 概预算形成

（1）设计概算的形成。方案选定后进入设计阶段，设计阶段是对方案不断完善，对工程的工期、质量及造价都有决定性的作用。设计概算是设计单位在经过初步设计后进行的，在投资估算的控制下确定项目的全部建设费用。在初步设计阶段，主要论证拟建工程项目的经济合理性以及技术可行性，最终形成的成果也是施工图设计的基础。在初步设计阶段不仅要考虑建筑的设计，还应结合考虑结构设计及机电设计，并最终将所有设计进行整合。

建设和设计单位可以运用 BIM 技术对建筑信息模型进行修改，进而实现对设计方案的调整与优化。该模型不仅可以直接提供造价数据，方便建设单位比较方案以及设计单位设计优化，而且可利用 BIM 技术相关软件对设计成果进行碰撞检查，及时发现设计中存在的问题，便于施工前纠正，以减少施工过程中的变更，为后续施工图预算奠定良好的基础。

（2）施工图预算的形成。施工图预算发生在施工图设计阶段，用以确定单项工程或者单位工程的计划价格，并要求预算不能超过设计概算。在施工图预算过程中，工程量计算是一项基础工作，也是预算编制环节中最重要的环节。与设计概算类似，在 BIM 技术的支持下，施工图预算也可以利用建筑信息模型形成，具体途径有如下三种。

①利用应用程序接口（Application Programming Interface，API）在 BIM 技术软件和成本预算软件中建立连接。这里的应用程序接口是 BIM 技术软件系统和造价软件系统不同组成部分衔接的约定。这种方法通过成本预算系统与 BIM 技术系统之间直接的 API 接口，将所需要获取的工程量信息从 BIM 技术软件中导入造价软件，然后造价管理人员结合其他信息开始造价计算。

②利用开放式数据库连接（Open Database Connectivity，ODBC）直接访问 BIM 技术软件数据库。作为一种经过实践验证的方法，ODBC 对于以数据为中心的集成应用非常适用。这种方法通常使用 ODBC 来访问建筑模型中的数据信息，然后根据需要从 BIM 技术数据库中提取所需要的预算信息，并根据预算解决方案中的计算方法对这些数据进行重新组织，得到工程量信息。与上述利用 API 在 BIM 技术软件和预算软件中建立连接的方式不同的是：采用 ODBC 方式访问 BIM 技术软件的造价软件需要对所访问的 BIM 技术数据库的结构有清晰的了解，而采用 API 连接的造价软件则不需要了解 BIM 技术软件本身的数据结构。所以目前采用 ODBC 方式与 BIM 技术软件进行集成的成本预算软件会选择一种比较通用的 BIM 技术软件（如 Revit，实现 BIM 技术的软件之一）作为集成对象。

③输出到 Excel。大部分 BIM 技术软件具有自动算量功能，也可以将计算的工程量按照某种格式导出。造价管理人员常用的是将 BIM 技术软件提取的工程量导入 Excel 表中进行汇总计算。与上面提到的两种方法相比，这种方法更加实用，也便于操作。但是必须保证 BIM 技术的建模过程非常标准，对各种构件都要有非常明确的定义，只有这样才能保证工程量计算的准确性。

上述三种方法没有优劣之分，每种策略都与各造价软件公司所采用的计算软件、工作方法及价格数据库有关。

9.1.3　BIM 技术与建设项目招标投标阶段造价控制

1. 基于 BIM 技术的招标投标造价管理流程

（1）BIM 技术在招标投标中的应用价值

招标投标阶段介于设计阶段和施工阶段之间，其目标是通过招标投标方式确定一家综合最优的承包单位来完成项目施工。传统的招标投标过程存在诸多问题。首先，招标投标中普遍存在信息孤岛现象，招标人的需求和目标难以公平、有效地传递给投标单位；其次，招标投标双方都要进行工程量计算，浪费了大量时间，影响了招标投标的速度，而且双方对于工程量上的偏差以及后期签证的争议都将增加双方的风险；最后，在现有招标投标环境中，投标人在施工组织设计中可以发挥的空间有限，难以有效展示投标人的技术水平。

将 BIM 技术融合到招标投标管理过程中，不仅可以对建设项目造价进行有效管理，而且可以解决建设工程传统招标投标过程中存在的问题，提高招标投标的可靠性，实现建设工程全过程公开、透明管理。借助整合并利用设计阶段的已有 BIM 技术造价模型，较大幅度地提高工程量清单、招标控制价、投标报价等造价基础性工作的精准性，为价格分析、合同策划以及报价策略等各方的造价管理核心工作创造了更好的条件。另外，不同于以往仅采用二维图等非结构化信息存储方式，基于建筑信息模型的信息交互，大大优化了招标人与投标人的信息传递流程，避免信息不对称引起的无效招标，大幅度地提高招标投标阶段各方造价管理的工作能效，为项目的有效开展奠定良好的基础。

（2）BIM 技术在工程招标投标造价管理中的应用流程

①招标人利用 BIM 技术快速、准确编制招标控制价。在时间紧迫的招标投标阶段，招标人对设计的建筑信息模型加以利用，快速建立工程量模型，从而在短时间内完成工程量清单及招标控制价的编制。借助 BIM 技术的自动算量功能，招标人快速计算工程量，编制精度更高的工程量清单，还可借助 BIM 技术通过设计优化、碰撞检验及工程量的校核，提高工程量清单的有效性。工程造价人员有更充裕的时间利用 BIM 技术信息库获取最新的价格信息，分析单价构成，以保证招标控制价的有效性。招标工作在运用 BIM 技术后将大幅度提高工程量清单及招标控制价的精准性，从而降低招标人风险。

②投标人运用 BIM 技术有效进行投标报价。由于投标时间比较紧张，要求投标人高效、灵巧、精确地完成工程量计算，把更多时间运用在投标报价技巧上。同时随着现代建筑造型趋向于复杂化、艺术化，人工计算工程量的难度越来越大，快速、准确地形成工程量清单成为招标投标阶段工作的难点和瓶颈。投标人利用招标人提供的建筑信息模型对清单工程量进行复核，可全面加快编制投标报价的进程，为报价分析预留充足时

间。还可利用 BIM 技术实现模拟施工、进度模拟及企业 BIM 技术数据库及 BIM 技术云获取市场价格，细致、深入地进行投标报价分析及策略选取，达到报价的最大市场竞争力。

③评价投标单位的施工方案。评标人根据 BIM 技术造价模型合理确定中标候选人，评标人可直接根据建筑信息模型所承载的报价信息，对商务标部分进行快速评审。同时在评标阶段，通过前期建立的 BIM 5D 模型［3D（3 Dimensions，三维）基础信息模型、造价信息模型和进度信息模型］，对比投标的整体施工组织思路。借助施工模拟验证潜在中标人的施工组织设计、施工方案的可行性，快速、准确地确定中标候选人。

上述基于 BIM 技术的招标投标阶段造价管理流程，整合了建设各方的工作流，大幅度提高招标投标双方在确定工程造价过程中的效率，招标人最大限度地满足其对项目经济性要求的制定，而投标人尽可能从报价中体现企业竞争力。

2. 基于 BIM 技术的招标控制价编制

招标投标作为工程项目发承包的主要形式，通过市场自由竞价的形式，优选建设项目具体实施主体，是项目成功开展的前提。目前广泛采用的工程量清单计价模式下的招标投标，需要招标人提供工程量清单作为投标人共同的报价基础，其准确性的重要性不言而喻。但往往招标时间紧迫，造成招标文件中各分部分项工程的工程量不够精确，不仅不能准确反映出项目规模，而且较大的工程量偏差往往成为投标人不平衡报价的可乘之机。同样作为招标人还需要编制招标控制价，作为投标人报价的最高限，以防止围标串标现象的发生。因此，在招标控制环节，借助建筑信息模型的丰富信息，准确和全面地编制工程量清单是关键。

（1）基于 BIM 技术的招标控制价编制步骤

①建立或复用设计阶段的建筑信息模型。在招标投标阶段，各专业的建筑信息模型建立是 BIM 技术应用的重要基础工作。建筑信息模型建立的质量和效率直接影响后续应用的成效。建立模型时，可直接建立建筑信息模型或利用相关软件将二维施工图转换成建筑信息模型，也可以复用和导入设计软件提供的建筑信息模型，生成建筑信息算量模型，这是从整个 BIM 技术流程来看最合理的方式，可以避免重新建模所带来的大量手工工作及可能产生的错误。

②利用建筑信息模型快速、精确算量。BIM 技术的自动化算量功能可以使工程量计算工作摆脱人为因素的影响，得到更加客观的数据。

③生成控制价文件。将 BIM 技术工程量导入计价软件，生成工程量清单，同时结合设计文件对工程量清单各项目特征进行细致的描述，以防项目特征错误引起不平衡报价现象。在高效、准确地编制工程量清单的基础上，利用 BIM 技术云端价格数据库直接调取当期材料信息价、人工费调整信息以及相关的规费、税金的取费信息，最终输出招标控制价。

（2）基于 BIM 技术的招标控制价校核与优化。借助对设计阶段建筑信息模型的直接加工利用，为紧凑的招标流程赢取了更多的时间，同时提高招标工程量的精确性。在 BIM 技术的辅助下，招标阶段造价管理人员将着眼于分析工程量清单项的完整性，校核工程量清单是否反映招标范围的全部内容，避免缺项漏项。

在招标控制价编制阶段，建设工程项目通过 BIM 技术的 5D 模型，模拟建设工程项目施工的全过程。利用 BIM 技术论证项目工期可行性，进而分析建设项目的施工方案，最终预测合理的建设成本与招标控制价。

BIM 技术高度的信息集成技术将大幅度提高原有工程造价基础性工作的效率。招标人的工程造价管理将着力于招标文件中对付款方式、风险分摊、变更索赔形式等有关内容的编制，使招标文件及合同更具完备性，为后期工程造价管理奠定良好的基础。

3. 基于 BIM 技术的投标报价编制

作为投标人，同样在短时间内要根据招标人提供的招标文件，既要复核图纸对应的工程量清单的准确性，又要结合自身施工水平以及市场形势制订有利的报价策略，实际工作中往往只能对部分工程子项进行复核，常因为工程量不准确问题导致项目亏损。同时，目前大部分投标人依靠国家或行业相关定额作为编制控制价的依据，然而定额水平有一定时效性，不能完全反映市场的动态性。另外，由于建设项目相关的价格信息繁多，准确地获取市场价格信息也严重影响投标报价准确性。

（1）基于 BIM 技术的投标报价编制步骤

①快速复核工程量。招标人在提供招标文件时，可以将负载工程量清单信息的建筑信息模型同时交给投标人。由于建筑信息模型已赋予各构件工程信息以及项目编码，投标人可直接结合建筑信息模型与二维图及招标文件约定的招标范围等信息，快速核查工程量清单中工程量的准确性，全面加快编制投标报价的进程，为投标报价及策略分析预留充足时间。

②进行快速报价。投标人将基于企业 BIM 技术数据库中人工、材料、机械台班消耗量数据，配合 BIM 技术云端数据平台中市场价格信息，综合该项目的其他情况，进行快速的价格匹配，提高报价的效率。

③快速、精确地选择投标策略和投标方案。投标人运用 BIM 技术对项目进行施工模拟及资源优化，细致、深入地进行投标报价分析及策略选取，提升投标方案的可行性和投标报价的精确性，提高中标的概率。

（2）基于 BIM 技术的投标报价分析及策略选取

①通过碰撞检查降低成本。利用 BIM 技术的三维技术在施工前期进行碰撞检查，减小在建筑施工阶段可能存在的错误损失和返工的可能性，为业主减小建造成本。将碰撞检查结果报告、综合管线优化排布等方案呈现在投标文件中，这无形中增加了技术标的分数。

②通过 BIM 技术论证施工方案可行性。利用 BIM 技术对施工组织设计方案以及施工工艺的环节进行模拟分析，选择合适的方案，有助于投标单位在投标阶段合理制订施工方案，准确预测工程造价。同时能有竞争性地给出相应投标工程的投标报价等信息，使建设单位能更清晰地了解所建工程资源与资金的使用情况，帮助投标单位提升投标竞争性优势。

9.1.4　BIM 技术与建设项目施工阶段造价控制

1. BIM 5D 的建立及更新

（1）BIM 5D 施工资源信息模型构成。BIM 5D 施工资源信息模型是在原有的 3D 基础信息模型上进行改进，将 3D 基础信息模型与施工进度结合在一起形成链接体，并融合进施工资源与造价信息。BIM 5D 施工资源信息模型由三个子模型构成，即 3D 基础信息模型、造价信息模型和进度信息模型。

①3D 基础信息模型。3D 基础信息模型是通过 BIM 技术建模软件创建的基本信息模型。作为建筑信息模型构建的基础模型，其包含施工项目构件的名称、类型、尺寸、材质、物理参数等属性信息以及构件之间的空间关系。借助 3D 基础信息模型，可直接查看到构件的工程量或在明细表中计算出构件的数量。

②造价信息模型。造价信息模型是在 3D 基础信息模型上附加工程造价信息，形成含有成本与材料用量的一个子信息模型。它包含建筑物构件建成所需要的人工、材料与机械定额用量、工程量清单、文明施工、安全施工等的费用信息。通过此模型的构建，系统能够自动提取工程量清单信息和构件所需的资源用量与造价信息。

③进度信息模型。进度信息模型主要用途体现在施工阶段中，它是将 3D 基础信息模型信息与各个施工任务时间信息通过 WBS（Work Breakdown Structure，工作分解结构）分解并关联形成 4D 信息模型。以此对施工过程模拟，实现对进度、资源的动态有效管理与优化。其中 WBS 起着重要的作用，它既是建筑模型构件分解的依据，又是施工管理的重要核心。

BIM 5D 施工资源信息模型是在 3D 基础信息模型的基础上，集成进度信息与造价信息模型，用等式可表示为 5D＝3D 实体＋时间（Time）＋成本（Cost）。从本质上看，3D 模型与 5D 模型的模型框架体系是相同的，根本区别在于模型图元数据结构的不同。因此构建 5D 模型时仍然可以沿用 3D 模型的框架体系，不需要对 3D 模型的结构体系作出本质改变，只需要在 3D 基础信息模型的基础上，将时间数据以及造价数据与模型图元的 3D 几何数据及关联数据进行有机整合，即可构建 BIM 5D 模型。

借助集成的 BIM 5D 模型，可以实现以时间段、部位、专业、构件类型等各种维度来查看相关的进度、清单、工程量、合同、图纸等业务数据，还可以实现对施工过程中的任意一个阶段或者节点进行工程量计算、人材机（人力、材料、机械）的用量计算以及相应成本预算情况的汇总，并进行动态的管理、优化与监控。

（2）BIM 5D 施工资源信息模型的创建。BIM 5D 施工资源信息模型的创建方式主要有两种：一种是直接利用 BIM 设计软件建立的三维模型；另一种是利用二维 CAD 设计图转化为三维信息模型。

①直接利用 BIM 技术设计软件建立的三维模型。在设计模型建立过程中，已经为构件建立相关的三维坐标信息、材料信息等。在构建 BIM 5D 施工资源信息模型时，可直接对三维构件做进度和成本信息的添加，保证了设计信息完整和准确，也避免了重新建模过程中可能产生的人为错误。

②利用二维 CAD 设计图转化为三维信息模型。该方式需要对二维图进行二次加工，将二维 CAD 图纸导入 BIM 软件中，并人为添加空间坐标信息，生成可视化的三维模型，然后在三维模型上添加进度和成本信息。这种方式效率相对较低，同时在二次加工二维图时可能产生一些人为错误。

（3）BIM 5D 施工资源信息模型的更新。BIM 5D 施工资源信息模型通过将建筑物所有信息参数化形成 5D 模型，并以 BIM 5D 模型为基础构建起建设工程项目的数据信息库，在施工阶段随着工程施工的展开及市场变动，建设工程项目或者材料市场价格发生变化时，只需要对 BIM 5D 模型进行更新，调整相应的信息，整个数据库包含的建筑构件工程量、建筑项目施工进度、建筑材料市场价格、建设项目设计变更以及变更前后的变化等信息都会相应地发生调整，使信息的时效性更强，信息更加准确。

2. 材料计划管理

在施工阶段工程造价管理中，工程材料控制是管理的重要环节。材料费占工程造价的比例较大，一般占整个预算费用的 70% 左右；及时、完备地供应所需材料，是保障施工顺利的主要因素。因此，施工阶段一方面要严格控制材料用量，选择合理价格的材料，有效管控施工成本；另一方面要合理制订材料计划，按计划及时组织材料进场，保证工程施工的正常开展。

在传统的材料管理模式下，需要施工、造价、材料等管理人员共同汇总分析各方数据进行管理，在管理中存在核算不准确、材料申报审查不严格、材料计划不能随工程变更和进度计划及时调整等问题，很难保证材料计划的准确性和及时性，导致材料积压、停工待料、限额领料依据不足、工程成本上涨等管理问题难以解决。

BIM 5D 应用其模型中基本构件与工程量信息、造价信息、工程进度信息的关联性，可以有效地解决传统的材料管理模式所出现的管理问题。其在现场材料计划管理过程中的主要应用包括以下几个方面。

（1）有效获取材料使用量信息。根据工程进度，BIM 5D 模型可按照年、季、月、周等时间段周期性地自动从模型中抽取与之关联的资源消耗信息以及材料库存信息，形成准确及时的周期材料计划，使材料使用数量、使用时间、投入范围与施工进度计划有效地结合在一起，使材料的采购与库存成本最优化，实现对现场材料的动态平衡管理。

（2）制订材料采购计划。通过 BIM 5D 模型，工程采购人员能够随时查看周期材料计划和现场实际材料消耗量以及仓库内物资的库存情况，并结合工程进度要求制订出各周期相应的材料采购计划。工程采购人员按照材料采购计划合理安排材料进场时间，及时补充材料，避免因材料供应问题发生工期延误。

（3）及时更新材料计划。当发生工程变更或施工进度变化时，修改 BIM 5D 模型，可自动对指定时间段内的人力、材料、机械等资源需求量以及工程量进行统计更新，使模型系统自动更新相应时间段内的材料计划，避免出现由于计划调整的滞后产生成本损失。

（4）实现限额领料。使用 BIM 5D 模型可以实现限额领料，控制材料浪费现象。BIM 5D 模型中集成了各类材料信息，为限额领料提供了实时的材料查询平台，并能按照分包、楼层、部位、工序等多维度查询材料需用量。施工班组领料时，材料库管人员可根据领料单涉及的工程范围，通过 BIM 5D 模型直接查看相应的材料计划，通过材料计划量控制领用量，并将领用量计入模型，形成实际材料消耗量。工程预算人员可针对计划进度和实际进度查询任意进度计划节点在指定时间段内的工程量以及相应的材料计划用量和实际用量，并可进行相关材料的预算用量、计划用量和实际消耗量这三项数据的对比分析和预测。

3. 进度款支付

（1）基于 BIM 5D 的进度款计量。工程进度款是指在工程项目进入施工阶段后，建设单位或业主根据监理单位签署的工程量和工程产品的质量验收报告，按照初始订立的合同规定数额计算方式，并按一定程序支付给承包商的工程价款。进度款支付方式有按月结算、竣工后一次结算和分段结算等几种方式。

无论用何种支付方式，在工程进度款支付时都需要有准确的工程量统计数据。将BIM 5D模型系统应用于进度款计量工作中，将有效地改变传统模式下的计量工作状况。

（2）基于BIM 5D的进度款管理。进度款管理时往往会遇到依据多、计算烦琐、汇总量大、管理难等难点，因此在进度款管理中引入BIM 5D平台进行管理，具有较高的应用价值。

①根据BIM 5D模型系统上已完工程量，补充价差调整等信息，快速、准确地统计某一时段的造价信息，并通过项目管理平台及时办理工程进度款支付申请。

②BIM 5D模型系统集成了任务信息和施工流水段信息，各分包与施工流水段是对应的，这样系统就能清晰识别各分包的工程，便于总承包单位核实分包工程量。如果能将分包单位纳入统一BIM 5D平台系统，分包也可以直接基于系统平台进行分包报量，提高工作效率。

③进度款的支付单据和相应数据都会自动记录在BIM 5D模型系统中，并与模型相关联，便于后期的查询、结算、统计汇总等工作，为后期的造价管理工作提供准确的进度款信息。

④BIM 5D模型系统提供了可视化功能，可以随时查看三维变更信息模型，并直接调用变更前后的模型进行对比分析，避免在结算进度款时描述不清楚而出现纠纷。

4. 签证与变更处理

建设项目具有复杂性和动态性，施工过程变化大，导致设计变更、签证较多。签证、变更设计需要很多现场信息，业主代表将信息反馈给技术人员过程中，中间信息传递滞后且容易丢失，使签证、变更过程中沟通协商成本变高。BIM技术的应用在这方面有较为突出的优势，一旦出现签证、设计变更，建模人员作出模型修改后，更新数据可及时传递给各方，加快了工期推进，提高了管理效率，并实现了数据的集成化管理。基于BIM 5D平台的签证及变更管理主要有以下内容。

（1）查询原方案。信息通过BIM 5D模型查询与签证、变更有关的构件模型，确定出构件原方案的几何、材料以及造价信息并汇总。

（2）调整变更模型和造价管理。在BIM 5D模型中对与签证、变更有关的构件进行变更内容修改，将修改后的模型导入造价管理软件，重新形成新的预算信息模型。计算出签证、变更后的工程量，并确定出签证、变更后的价格信息，形成新的造价文件。

（3）变更数据存储。将新的造价文件重新导入BIM 5D平台，由于BIM 5D平台中保留了原模型的数据，因此可进行新旧数据的对比分析，形成签证、变更的数据库，实现对工程签证、变更的动态管理。

（4）变更管理。利用BIM 5D平台的可视性及协同性，可以实现多方管理人员对签证、变更的协同管理，提高管理效率，避免出现管理延误。

5. 动态成本控制

（1）基于BIM 5D的动态成本控制。在传统的项目管理系统的基础上，集成BIM

5D 技术对施工项目成本进行动态控制，可以有效地融合技术和管理两个手段的优势，提高项目成本控制的效果。BIM 5D 的施工动态成本控制主要包括成本计划阶段、成本执行和反馈阶段、成本分析阶段。

①成本计划阶段。成本计划的编制是施工成本预控的重要手段。需要根据工程预算和施工方案等确定人员、材料、机械、分包等成本控制目标和计划，并依据进度计划制定人员和资源的需求数量、进场时间等，最后编制合理的资金计划，对资金的供应进行合理安排。BIM 技术在成本计划阶段的应用主要体现在以下几个方面。

a. BIM 技术可将建筑物全生命周期的信息集成在一个模型中，便于项目历史数据的调用和参考，减小了对主观经验的依赖。

b. 借助 BIM 5D 模型可自动识别出实体的工程量，并结合进度和施工方案确定人工、材料、机械等资源数量，关联资源价格数据可快速计算出工程实体的成本，并将成本计划进一步分配到时间、部位等维度。

c. 在计划执行前，可通过 BIM 5D 平台对方案和计划进行事前模拟，确定方案的合理性，并通过调整计划使施工期资源达到均衡。

②成本执行和反馈阶段。成本执行和反馈是成本事中控制的重要阶段，反映的是工程成本计划的执行和监控的实际过程。BIM 技术在成本执行和反馈阶段的应用主要体现在以下方面。

a. 成本事中控制阶段，在 BIM 5D 模型中对各项成本数据的统计和分析是以工程实体对象为准，统一了成本控制的口径。

b. 施工过程中，BIM 5D 平台可以根据工程实体的进度自动计算出不同实体在不同时期的动态资源需求量，便于合理地安排资源的采购和进场。

c. BIM 5D 平台不仅可以继承建筑的物理信息，而且集成了建筑的过程信息，在成本实施中可以将不同阶段的进度、成本信息按工程实体及时反馈到 BIM 5D 平台系统中。基于反馈的信息，BIM 5D 平台系统可主动计算出成本计划和实际的偏差，为及时采取有效措施调整偏差创造条件。

d. 工程实施过程中，工程变更的发生会打乱原计划，BIM 5D 平台可通过比较变更前后的模型差异，计算变更部位及变更工程量的差异。在计算出变更工程量之后，可根据模型的变更情况，快速定位进度计划，实现进度计划的实时调整和更新，加快了应对效率，降低了成本。

e. BIM 5D 平台是一种协同控制平台，设计方可以根据施工进度合理地安排出图计划，监理方可根据建筑信息模型的实体进度来审核验工计价，业主方可以根据 BIM 5D 平台的资金流程准备资金，总承包人可以通过 BIM 5D 平台与供应人、分包人进行沟通和协作，提高效率，降低成本。

③成本分析阶段。成本分析是揭示工程项目成本变化情况及变化原因的过程。成本分析为未来的成本预测和成本计划编制指明了方向。BIM 技术在成本分析阶段的应用主要体现在以下几个方面。

a. 平台面向实体的可视化特性和集成过程信息的特性，在工程项目的某一个周期结束后，可以将该施工周期的形象进度、各类资源的投入、工程变更等进行可视化的回放，为造价管理人员进行深入的成本分析奠定了基础。

　　b. 成本分析阶段不仅可以实现多维（预算成本、合同收入、实际成本）的统计和分析，而且可将成本分析细化到分部分项工程、工序等层次，进行深层次的成本对比分析，形成对成本的综合动态分析，为挖掘成本控制的潜力和不足以及下一步成本控制提供依据。

　　c. 在施工过程中，合同收入、预算成本和实际成本数据是实现成本动态对比分析的基础，利用 BIM 5D 可以方便、快捷地得到三算数据。

　　BIM 5D 模型在施工过程中，按照月度实际完成进度，自动形成关联模型的已完工程量清单，并导入项目管理系统形成月度业主报量，根据业主批复工程量和预算单价形成实际收入。同时根据清单资源自动归集到成本项目，形成核算期间内的成本项目口径的合同收入。

　　根据月度实际完成任务，确定当月完成模型的范围。从关联模型中自动导出形成月度实际完成工程量，按照成本口径归集，形成预算成本。进一步细化，按照合约规划项自动统计，形成具体分包合同的预算成本。

　　在项目管理系统中，随着工程分包、劳务分包、材料出库、机械租赁等业务的进展，每月自动按照分包合同口径形成实际成本归集，进一步归集到成本项目，这样就形成项目的实际成本。

　　基于 BIM 技术的成本分析可以实现工序、构件级别的成本分析。在 BIM 5D 成本管理模式下，关于成本的信息全部和模型进行了绑定，间接绑定了进度任务，这样可以在工序、时间段、构件级别进行成本分析。特别是基于建筑信息模型的资源量控制，主要材料（钢筋、混凝土）基于模型已经细化到楼层、部位，通过建筑信息模型的预算量，可控制其实际需用和消耗量，并将预算和收入及时进行对比分析和预控。对于合同而言，可以按照分包合同细化到各费用明细，通过建筑信息模型的工程量控制其过程报量和结算量。

　　（2）基于 BIM 5D 的成本控制模式动态性体现。基于 BIM 5D 的成本控制模式是一种动态的成本控制模式，主要体现在以下几个方面。

　　①空间维度上的动态。由于 BIM 5D 面向实体对象和可虚拟动态模拟的特性，使得成本计划、成本监控和成本分析的各种过程数据都可以实现和模型实体的结合，不再是与对象割裂静态的数据。

　　②时间维度上的动态。基于 BIM 5D 的成本控制模式，可实现成本数据的实时反馈、动态追踪和偏差分析，使得成本控制的周期极大缩短，不再是成本控制周期较长、成本分析相对滞后的静态的成本控制模式。

　　③时间和空间维度相结合的动态。基于 BIM 5D 的成本控制模式，工程项目的建造过程中与成本控制相关的进度、资源、工程实体等可以像纪录片一样进行记录和回放，在对项目进行分析时，不再需要去查询施工日志、图纸等静态的资料。

9.1.5　BIM 技术与建设项目竣工阶段造价控制

　　按照我国建设程序的规定，竣工验收是建设过程的最后阶段，是建设项目施工阶段和保修阶段的中间环节，是全面检验建设项目是否符合设计要求和工程质量检验标准的重要环节，是审查投资使用是否合理的重要环节，是投资成果转入生产或使用的标志，对促进建设项目及时投产或交付使用、发挥投资效果、总结建设经验有着重要作用。

在工程竣工验收合格后，承包人应利用 BIM 技术及时编制竣工结算提交发包人审核。发包人在规定时间内详细审核承包人竣工结算模型，同时审核编报的结算文件及其相关资料，出具审核结论。审定的结算经发包人、承包人签字盖章确认后作为经济性文件，成为双方结清工程价款的直接依据。

1. 竣工结算模型管理

（1）竣工结算模型构建。竣工结算模型基于施工过程模型，通过补充完善施工中的修改变更和相关验收资料信息等创建，包含施工管理资料、施工技术资料、施工进度及造价资料、施工测量记录、施工物资资料、施工记录、施工试验记录及检测报告、过程验收资料、竣工质量验收资料等。相关资料应符合《建筑工程施工质量验收统一标准》（GB 50300—2013）、《建筑工程资料管理规程》（JGJ/T 185—2009）等国家、行业、企业相关规范、标准的要求。

竣工结算模型应根据相关参与方协议，明确数据信息的内容及详细程度，以满足完成造价任务所需的信息量要求。同时应确定数据信息的互用格式，即交付方应保证模型数据能够被接收方直接读取。当数据格式需转换时，能采用成熟的转换工具和转换方式。交付方在竣工模型交付前，须对模型数据信息进行内部审核验收，应达到合同商定的验收条件。模型接收方接受模型后，应及时确认和核对。

竣工结算模型由总包单位或其他单位统一整合时，各专业承包单位应对提交的模型数据信息进行审核、清理，确保数据的准确性与完整性。竣工资料的表达形式包括文档、表格、视频、图片等，宜与模型元素进行关联，便于检索查找。竣工结算模型的信息应满足不同竣工交付对象和用途，模型信息宜按需求进行过滤筛选，不宜包含冗余信息。对运维管理有特殊要求的，可在交付成果中增加满足运行与维护管理基本要求的信息，包括设备维护保养信息、工程质量保修书、建筑信息模型使用手册、房屋建筑使用说明书、空间管理信息等。

竣工结算模型的创建及应用过程如下。

①收集数据。竣工结算模型创建需要收集准备的数据，包括施工过程造价管理模型、与竣工结算工程量计算相关的构件属性参数信息文件、结算工程量计算范围、计量计价要求及依据、结算相关的技术与经济资料等。

②生成竣工结算模型。在最终版施工过程造价管理模型的基础上，根据经确认的竣工资料与结算工作相关的各类合同、规范、双方约定等相关文件资料进行模型的调整，生成竣工结算模型。

③审核模型。最终版施工过程造价管理模型与竣工结算模型进行比对，确保模型中反映的工程技术信息与商务经济信息相统一。

④完善模型。对于在竣工结算阶段产生的新类型的分部分项工程，按前述步骤完成工程量清单编码映射、完善构件属性参数信息、构件深化等相关工作，生成符合工程量计算要求的构件。

⑤生成造价文件。利用经过校验并多方确认的竣工结算模型，进行"结算工程量报表"的编制，完成工程量的计算、分析、汇总，导出完整、全面的结算工程量报表，以满足结算工作的要求。

（2）竣工结算模型深度。竣工结算阶段的工程量计算是项目建筑信息模型在工程量计算应用中的最后一个环节。本阶段强调对项目最终成果的完整表达，要将反映项目真实情况的竣工资料与结算模型相统一。本阶段工程量计算应用注重对前面几个阶段技术与经济成果的延续、完善和总结，成为工程结算工作的重要依据。

2. 基于 BIM 技术的结算管理

（1）结算管理的特点。在工程量清单计价模式下，竣工结算的编制基于 BIM 技术采取投标合同加上变更、签证等费用的方式进行计算，即以合同标价为基础，增加的项目应另行签发包人签证，对签证的项目内容进行详细费用计算，将计算结果加入合同标价中，即为该工程结算总造价。

虽然结算工作是造价管理最后一个环节，但是结算所涉及的业务内容覆盖了整个建造过程，包括从合同签订一直到竣工中关于设计、预算、施工生产和造价管理等信息。竣工阶段常发生竣工资料不完善、前序积累信息流失等问题，是造价管理过程中的常见问题，也是管理难点。

传统结算工作主要存在以下几个难点。

①依据多。结算涉及合同报价文件，施工过程中形成的签证、变更、暂估材料认价等各种相关业务依据和资料，以及工程会议纪要等相关文件多。特别是变更、签证，一般项目变更率在 20% 以上，施工过程中与业主、分包、监理、供应商等产生的结算单据数量也较多。

②计算多。施工过程中的结算工作涉及月度、季度造价汇总计算，报送、审核、复审造价计算，以及项目部、公司、甲方等不同维度的造价统计计算。

③汇总多。结算时，除了需要编制各种汇总表，还需要编制设计变更、工程洽商、工程签证等分类汇总表，以及分类材料（如钢筋、商品混凝土等）分期价差调整明细表。

④管理难。结算工作涉及成百上千的计价文件、变更单、会议纪要的管理，业务量和数据量大，造成结算管理难度大，变更、签证等业务参与方多和步骤多，也会造成结算管理难。

BIM 技术和 5D 协同管理的引入，有助于改变上述工程结算工作的被动状况。随着施工阶段推进，建筑信息模型数据库不断完善，模型相关的合同、设计变更、现场签证、计量支付、甲供材料等信息也不断录入与更新，到竣工结算时，其信息量已完全可以表达竣工工程实体。借助建筑信息模型与造价软件的整合，利用系统数据与建筑信息模型随工程进行而更新的数据进行分析，可以根据结算需要快速地进行工程量分阶段、构件位置的拆分与汇总，依据内置工程量计算规则直接统计出工程量，实现"框图出量"。进而在建筑信息模型基础上加入综合单价等工程造价形成元素对竣工结算进行确认，实现"框图出价"，最终形成工程造价成果文件。

在集成于 BIM 系统的含变更的结算模型中，通过 BIM 技术可视化的功能可以随时查看三维变更模型，并直接调用变更前后的模型进行对比分析，查阅变更原始资料，还可以自动统计变更前后的费用变化情况等。

当涉及工程索赔和现场签证时，可将原始资料（包括现场照片或影像资料等）通过 BIM 系统中图片数据采集平台及时与建筑信息模型准确位置进行关联定位，结算时按需要查阅。模型的更新和编辑工作均需留痕迹，即模型及相关信息应记录信息所有权的状态、信息的建立者与编辑者、建立和编辑的时间及所使用的软件工具及版本等。

（2）核对工程量。造价人员基于建筑信息模型的竣工结算工作有两种实施方法：其一是向提供的建筑信息模型中增加造价管理需要的专门信息；其二是把建筑信息模型里面已经有的项目信息抽取出来或者和现有的造价管理信息建立连接。无论是哪种实施方法，项目竣工结算价款调整都主要由工程量和要素价格及取费决定。

竣工结算工程量计算是在施工过程造价管理应用模型基础上，依据变更和结算材料，附加结算相关信息，按照结算需要的工程量计算规则进行模型的深化，形成竣工结算模型，并利用此模型完成竣工结算的工程量计算，以此提高竣工结算阶段工程量计算的效率和准确性。

从项目发展过程时间线来看，项目工程量随着设计或施工的变化而发生改变，工程结算阶段工程量核对形式依据先后顺序主要分为以下四种。

①分区核对。分区核对处于核对数据的第一阶段，主要用于总量比对。一般造价员、BIM 技术工程师按照项目施工阶段的划分将主要工程量分区列出，形成 BIM 数据与预算数据对比分析表。当然施工实际用量的数据也是结算工程量的一个重要参考依据，但是对于历史数据来说，往往分区统计存在误差，所以只存在核对总量的价值。

②分部分项清单工程量核对。分部分项清单工程量核对是在分区核对完成以后，确保主要工程量数据在总量上差异较小的前提下进行的。如果 BIM 技术数据和手工数据需要比对，可通过 BIM 技术建模软件导入外部数据，在 BIM 技术软件中快速形成对比分析表。通过设置偏差百分率警戒值，可自动根据偏差百分率排序，迅速对数据偏差交代的分部分项工程项目进行锁定。再通过 BIM 软件的"反查"定位功能，对所对应的区域构件进行综合分析，确定项目最终划分，从而得出较合理的分部分项子目。同时通过对比分析表也可以对漏项进行对比检查。

③建筑信息模型综合应用查漏。由于专业与专业之间的信息传递局限和技术能力差异，实际结算工程量计算准确性也有较大差异。借助各专业建筑信息模型的综合应用，直观、快速检查专业之间交叉的信息，减少计算能力和经验不足造成结算偏差。

④大数据核对。大数据核对是在前三个阶段完成后的最后一道核对程序。对项目的高层管理人员来讲，依据一份大数据对比分析报告，加上自身丰富的经验，可以对项目结算报告作出分析，得出结论。建筑信息模型建立成功后，直接到云服务器上自动检索高度相似的工程进行云指标对比，查找漏项和偏差较大的项目。

（3）核对要素价格。基于 BIM 技术可实现项目计价算量一体化。由于施工合同相关条款约定，在施工过程中经常存在人工费、材料单价等要素的调整，在结算时应分时段调整。借助 BIM 5D 平台将模型与已标价的投标工程量清单关联，当发生要素调整时，仅需要在建筑信息模型中添加进度参数，即在 BIM 5D 模型中动态显示出整个工程的施工进度，系统自动根据进度参数形成新的模型版本，进行各时段需调整的分项工程量或材料消耗量统计，同时根据模型关联的已标价投标工程量清单进行造价数据更改，更改记录也会记录在相应模型上。

（4）取费确定。工程竣工结算时除了工程量和要素价格调整外，还涉及如安全文明施工费、规费及税金等的确定。此类费用与施工条件、项目施工方案、施工合同条款、政策性文件、施工企业管理水平等约束条件有关，需要根据项目具体情况把这些约束条件或调整条件考虑进去，建立相应的建筑信息模型标准。可通过 BIM 技术手段实现，如 API：由 BIM 技术软件厂商随 BIM 技术软件一起提供的一系列应用程序接口，造价人员或第三方软件开发人员可以用 API 从建筑信息模型中获取造价需要的项目信息，与现有造价管理软件集成，也可以把造价管理对项目的修改调整反馈到建筑信息模型中。

　　3. 竣工资料档案汇总

　　建立完整的工程项目竣工资料档案是做好竣工验收工作的重要内容。工程竣工资料档案记录工程项目的整个历程，是国家、地区、行业发展史的一部分，是评比项目各参与方工作成绩和追究责任的重要依据。涉及造价方面的资料，包括竣工结算模型、经济技术文件等，特别是 BIM 技术下的数据信息模型，是保证项目正式投入运营后进行维修和进一步改扩建的重要技术依据，也是总结经验教训、持续改进项目管理和提供同类型项目管理的借鉴。

　　按存储介质形式划分，工程项目竣工结算资料档案可分为纸质版和电子版两种形式。

　　按内容划分，主要包括以下几个方面。

　　①与工程项目决策有关的文件，包括项目建议书、可行性研究报告、评估报告、环评、批准文件等。

　　②项目实施前准备阶段的工作资料，包括勘察设计文件和图纸、招标文件、投标文件、各项合同文件及附件资料。

　　③相关部门的批准文件和协议。

　　④建设工程中的相关资料，包括施工组织设计、设计变更、工程洽商、索赔与现场签证、各项实测记录、质量监理、试运行考核记录、验收报告和评价报告等。

　　⑤与工程结算编制相关的工程计价标准、计价方法、计价定额、计价信息及其他规定等依据。

　　⑥建设期内影响合同价格的法律、法规和规范性文件等。

　　⑦竣工结算模型。它是反映工程项目完工后实际情况的重要资料档案，各参与方应根据国家对竣工结算模型的要求，对其进行编制、整理、审核、交接和验收。

　　建筑行业工程竣工档案的交付目前主要采用纸质档案，其缺点是档案文件堆积如山，数据信息保存困难，容易损坏、丢失，查找使用麻烦。《纸质档案数字化规范》（DA/T 31—2017）等国家档案行业相关标准规范中规定了纸质档案数字化技术和管理规范性要求，纸质竣工档案通过数字化前处理、目录数据库建立、档案扫描、图像处理、数据挂接、数字化成果验收与移交等环节，确保了传统纸质档案数字化成果的存储。但这类扁平化资料在三维可视化和信息集成化等方面依然有较大局限性。

　　集成应用 BIM 技术、计算机辅助工程（Computer Aided Engineering，CAE）技术、虚拟现实、人工智能、工程数据库、移动网络、物联网以及计算机软件集成技术，引入建筑业国际标准《工业基础类》（Industry Foundation Class，IFC），通过建立建筑信息模型，可形成一个全信息数据库，实现信息模型的综合数字化集成，具有可视化、智能化、集成化、结构化特点。

智能化要求建筑工程三维图形与施工工程信息高度相关，可快速对构件信息、模型进行提取、加工，利用二维码、智能手机、无线射频等移动终端实现信息的检索交换，快速识别构件系统属性、技术参数，定位构件现场位置，实现现场高效管理。

规划、设计信息、施工信息、运维信息在工程各个阶段通常是孤立的，给同一项目各个专业信息传达造成极大不便。对各个阶段信息进行综合，并与模型集成，可达到工程数据信息的集成管理。

数字化集成交付系统在网络化的基础上，对信息进行集成、统一管理，通过构件编码和构件成组编码，将构件及其关键信息提取出来，实现数据的高效交换和共享。

根据国家档案局对工程项目档案的要求，工程项目竣工资料不得少于两套。一套交使用（生产、运营）单位保管，一套交有关主管部门保管，关系到国家基础设施建设工程的还应增加一套送国家档案馆保存。工程项目档案资料的保管期分为永久、长期、短期三种，长期保管的工程项目档案资料实际保管期限不得短于工程项目的实际寿命。

9.2　基于绿色理念的建设项目造价分析

近些年来，我国的生态环境遭到严重破坏，森林面积不断减小，空气和水环境也受到污染，生态危机迫在眉睫，因此，为了人类生存的环境，我们必须加强对绿色节能的重视。目前，在建设项目的建设中，资源浪费问题十分严重，不仅增加了环境污染，而且增加了建设成本和使用成本。

在我国的建设工程项目中，公路工程项目占有非常重要的地位，是国家基础设施建设的重点领域。进入新时代，人们的环保意识不断增强，社会对公路建设提出了更高的要求。受到可持续发展战略及生态文明建设的影响，绿色公路工程逐渐成为我国公路建设的一个重要内容。绿色公路工程通过对传统公路工程的优化和改造，实现了对传统公路工程建设中资源浪费现象的有效遏制，对生态环境保护起到了积极作用。因此，在当今时代背景下，如何加强对绿色公路工程的造价预算和成本控制，是我国建设工程领域关注的热点问题之一。

本节以公路工程为例，介绍基于绿色理念的建设项目造价分析。为提高绿色公路工程建设水平，切实做到节能降耗、绿色环保及减小成本，本节首先对绿色公路基本内涵与特征进行了阐述，然后对当前我国绿色公路工程造价预算与成本控制的问题进行探讨，在此基础上，就相应的优化策略展开深入研究。

9.2.1　绿色公路的内涵与特征

1. 绿色公路内涵

绿色公路是将生态文明思想和绿色交通可持续发展理念应用于公路行业的具体体现。绿色公路建设是以系统论的观点，从全寿命周期成本出发，坚持以保证工程质量为前提，以实现安全、耐久、高效、畅通为目标，在公路设计、施工、运维的全过程中注重节约资源、保护环境、节能低碳。绿色公路建设要努力实现两个平衡：一是协调公路建设及运维过程中资源与能源节约利用、生态环境保护与污染控制、服务水平与运营管理之间的关系，努力实现公路与经济、社会及生态环境的平衡；二是协调规划设计、建设施工、运营养护、管理服务等公路全生命周期的各阶段，尽可能地降低能源消耗、资源占用、生态环境影响程度以及污染物排放量，努力实现公路内部功能效用与外部条件约束之间的平衡。

绿色公路的内涵如下。

（1）质量优良与安全耐久。绿色公路建设以实现公路质量优良为前提，以保障公路安全耐久为根本，注重对公路建设的全过程进行质量管控，通过合理完善的设计、规范标准的施工过程管理与质量监测、严格规范的材料质量把关、科学及时的养护维修、有效合理的管理机制保证公路工程建设质量，通过因地制宜的设计方法、先进有效的施工技术、智能高效的运维系统实现公路安全耐久。

（2）资源节约与低碳节能。绿色公路建设以实现公路资源节约与低碳节能为主要目标，考虑资源环境的承载能力和水平，通过通盘筹划实现通道资源的集约节约利用，通过因地制宜的用地规划实现土地资源的严格保护，通过高效智能的新技术、新设备实现节能技术与清洁能源的推广应用，通过公路施工废旧材料处理再利用、工业废料综合利用、节材与节水等施工技术应用等方法实现公路建设全过程碳排放降低及资源能源的节约与高效利用。

（3）生态环保与污染防治。绿色公路建设以实现生态环保与污染防治为重要任务，遵循"尊重和保护自然"的原则，实行生态设计，注重对原有地表植被、表层土壤资源、生态敏感区等方面的保护。加强公路建设施工过程及运营期对环境的保护，注重施工期间地表植被保护，保证临时用地的生态恢复效果，加强施工机械管理，落实污水、扬尘等污染的处理与监管措施。制定生态敏感区施工环保专项方案，保证敏感水源路段的路面径流收集与危险品防范，提升沿线附属设施污水的处理效率，保证尽可能地降低施工及运营对生态环境的影响程度，尽可能降低污染程度，提高生态恢复与污染防治效果。

（4）服务提升与舒适美观。绿色公路建设以实现服务提升与舒适美观为具体抓手，通过准确识别项目的具体定位、沿线环境特点和服务需求，实现多元化、信息化、智能化服务设施的科学合理设置，提高公路使用者个性化出行的便利度，丰富、完善公路综合一体化服务方式，应用各种信息化手段为公路出行者提供信息化数据，建立公路出行智能化服务体系。同时，顺应公路沿线自然生态环境特点，综合考虑沿线社会经济、区域文化、旅游资源等要素，选择合理的设计指标，因地制宜地进行设计施工和运维，努力实现公路本身及沿线附属设施与公路周围景观环境的有机融合，实现舒适、美观的绿色公路。

2. 绿色公路特征

绿色公路的建设充分考虑沿线区域社会发展的现状以及沿线资源环境的承载能力，秉持节约优先、保护优先的原则，将绿色环保理念应用于公路交通建设和发展的全过程中，绿色公路的主要特征归纳总结起来就是"三全、三高及三低"。

（1）三全——全过程、全要素、全方位。全过程：要求绿色公路应用系统论的方法，在规划设计、建设施工、运营养护等绿色公路全过程中贯穿运用可持续绿色生态理念及技术。

全要素：在合理定位绿色公路建设目标的基础上，综合与公路相关的经济发展、社会需求及环境保护等各方面要素，在绿色公路建设全过程中贯彻"资源集约节约、污染消耗控制、高效节能环保"的绿色要求。

全方位：绿色公路在公路规划设计直至养护维修以及绿色运输、安全运营等全生命周期内全面贯彻"环保、节能、高效、健康、服务"的绿色理念及技术，做到全方位综合实施。

（2）三高——高效率、高效益、高效能。高效率：协调绿色公路建设资源的消耗水平与其相应服务功能之间的关系，尽可能地降低公路资源消耗水平，尽可能地减小环境破坏及修复成本，最大限度地综合利用经济、社会及自然资源，最大化满足公路服务需求。

高效益：在绿色公路建设的全过程中尽最大可能地以最小的生态环境破坏及最少的各类资源占用实现绿色公路交通的利益最大化，综合经济、社会及生态环境效益，实现公路建设成本的降低。

高效能：在绿色公路设计、施工、运营等全生命周期内，通过绿色公路相关利益方在政策法规、理念技术及管理制度等方面的积极参与，大幅提升绿色公路全寿命周期内的建设水平及服务能力。

（3）三低——低污染、低排放、低消耗。低污染：注重对绿色公路施工的污染控制，降低土壤污染、水质污染及空气污染的影响，将公路全寿命周期内的污染降到最低，采取科学有效的生态环境保护与恢复措施。

低排放：减少绿色公路建设施工及运营阶段的污染物排放量，采取相应的处理技术对施工及运营废弃物进行处理。

低消耗：在绿色公路建设过程中尽可能减少对土地、水、材料、能源等的耗用，同时充分利用绿色可再生的循环材料、处理后再生利用的水资源等。

9.2.2 公路工程的造价预算与成本管理存在问题的原因

1. 不重视项目前期的成本预测工作

在绿色公路项目建设过程中，为了保证投资资金的合理性，需要在前期准确预测项目成本。由于对项目前期的成本预测工作重视不足，导致项目资金在建设全过程的分配不合理，从而影响到整个项目建设工作。例如，没有对项目的成本进行全面的预算，导致建设过程中资金短缺。此外，由于前期没有及时控制施工成本，导致在后续施工中出现成本超支的情况。因此，在开展绿色公路项目的成本预算和成本控制时，必须高度重视项目前期的成本预测工作，并采取有效措施解决相关问题，如在项目建设前明确绿色公路项目的造价预算和成本控制方法，以有效提高绿色公路项目的造价预算和成本控制效果。

2. 工程项目建设前期资金筹措和组织管理水平较低

在公路工程建设过程中，绿色公路工程主要通过减小环境污染、减小土地资源消耗、提高生态环境质量等方法来实现对自然生态环境的保护。但在实际公路建设中，由于技术水平和管理水平等因素限制，传统公路建设成本较高，工期较长。同时，由于资金筹措和组织管理水平较低，传统公路项目建设中存在的问题逐渐暴露出来。由于对环保埋念的重视不够，在公路项目的实际建设中出现了环境污染问题。因此，在实际公路工程建设中，应增强环保意识，提高技术应用能力，积极践行绿色公路工程新理念，采用新技术，减小对生态环境的负面影响。同时，要加强对绿色公路项目的组织管理，加强相关人员的专业知识培训，提高其业务水平。

3. 造价预算管理制度不健全

造价预算管理在整个公路建设中起着重要的作用。随着我国公路建设项目的增多，造价预算工作面临越来越多的挑战。为了提高造价预算工作的效率，提高经济效益，有关单位应建立和完善造价预算管理制度。

在决策设计阶段，应将绿色公路工程的生态理念融入其中，同时做好施工设计工作；在招标投标阶段，应严格控制投标单位的资质等级，严格审查其设计方案是否符合国家规定；在施工阶段，应做好对材料和机械设备的控制工作；在竣工验收阶段，应严格审查是否符合相关规范要求；在造价预算工作完成后，应定期进行总结分析。当前，部分公路施工单位的工程造价预算管理制度仍不健全，造价预算工作的开展缺乏一定的标准和规范要求。因此，在实际工作中应严格按照相关规定进行造价预算管理工作，确保公路工程造价预算管理工作有序开展。

4. 工程项目施工技术及设备选用不当

在建筑行业中，施工技术和设备的选择非常重要，直接关系到工程的施工质量。在传统公路工程的施工中，施工人员对新技术、新工艺缺乏足够的了解，导致施工过程中准备的材料不能满足实际要求，影响了施工的进度和质量。同时，传统公路工程所需的机械设备与绿色公路工程所需的机械设备不完全一致。在传统的公路工程施工中，施工人员对机械设备的性能缺乏了解，导致机械设备不能充分发挥作用。在绿色公路项目施工中，施工人员需要了解不同机械设备的性能和特点，并根据实际情况选择。施工人员还需要充分考虑工程施工的实际需要，合理配置机械设备，这样才能提高整个工程的施工质量和效率。

5. 工程建设项目管理人员不足

现阶段，部分公路企业没有意识到对工程项目进行科学管理的重要性，致使工程建设中存在多种问题。因此，加强对工程建设项目管理人员的培训具有重要的意义。在实际工作中，部分企业不重视对工程项目管理人员的培训工作，致使工程项目管理人员的专业技能无法满足实际的工程要求，给企业带来严重的经济损失。公路企业应定期组织相关人员进行专业技能培训，让他们掌握科学的管理方法，进而在工程建设中发挥更大作用。

9.2.3 绿色公路工程造价预算与成本控制优化策略

1. 做好预算准备工作

预算人员要广泛收集资料，包括不限于绿色公路地质勘察报告、相应地形测量图及施工图纸等，要全面了解有关绿色公路工程的一系列先进工艺技术，熟悉项目作业流程，并通过实地考察等方式准确计算工程量，尽可能地减少预算方面的疏漏。还需要积极主动地收集绿色公路工程量计算规则及地区材料价格等，以此明确预算编制方法，同时预算人员必须熟悉定额子目，并且能够准确地标明工程每一个子目的实际工程量，确保预算编制的科学性。

2. 合理改进造价预算方式

为提高绿色公路工程造价预算水平，相关企业应该结合绿色公路工程的基本特点，深入分析和研究造价预算编制工作，以及实际控制工作中存在的相关薄弱点，然后有针对性地提出改进及优化措施，从而促使造价预算模式得到有效改良，实现对造价预算的有效管控。比如，在实际编制预算过程中，可借助优选施工建设原材料、各类机具设备、技术工艺及施工路线等措施，确保实现绿色建设目标的同时，高效合理地进行成本管控。

3. 全方位开展建设过程成本控制工作

（1）可以将料场有效地建设在公路主线路基上。这样不但可以节约临时占地，以及减小对当地生态环境的影响和破坏，还可以在一定程度上节约相应的占地成本。

（2）做好绿色材料方面的成本控制工作。具体做法如下：首先，相关企业应采取招标投标的方式来对绿色材料进行选购，这样不但可以保证材料质量，还能够利用竞争机制尽可能地降低材料的采购价格；其次，在保证材料质量达标的前提下，遵循价格最优及运输距离最短的原则；最后，加大对施工过程中各类材料消耗方面的管控力度，可以结合具体的施工作业环节用料需求实施限额管理。

（3）做好机械设备成本的控制工作。结合工序和工期方面的要求，科学有效地调配施工设备，从而将其费用消耗控制在一个合理的范围内；相关机械维护人员需要定期对施工机械设备开展调试检查工作，切实做好相应的养护以及维修作业，以此保证各类施工机械始终处于综合性能良好的状态；结合绿色公路工程各施工分项的实际需求，尽可能地提高机械设备方面的租赁率，这样能够大幅度减小购买各类机械设备时产生的成本支出。

（4）做好人工费用管控。绿色公路工程施工中，管理人员可以在保证达到工期目标的基础上，尽可能地减少施工人员的实际数量；可根据工程情况，尽量借助计件的方式进行工资支付，有效减少计时工资，从而提高施工人员自身的作业积极性，这样有助于提高施工效率以及降低人工费用支出。

（5）做好质量管理。根据绿色公路工程所选用的新技术和新材料的基本特点，定期对现有施工队伍开展培训教育工作，并严格落实施工前的技术交底工作，以此不断提高施工人员的综合素质、能力及职业素养，促使其拥有良好的责任意识和安全意识等，从而切实满足绿色公路工程建设需求，不断提高施工效率与质量。

（6）做好安全管理。相关企业应该结合工程实际、行业及国家相关规范和要求，合理制定并完善安全生产管理制度，明确安全管理内容、安全管理部门及安全管理权限等，以此为安全管理工作的高效开展提供充足依据，从而切实保证现场作业安全。

4. 加大对 BIM 技术的运用力度

首先，BIM 技术可提供一系列准确性非常高的工程量信息，为造价预算编制提供依据，并且可以提供较为准确的各类材料实际需求量信息，有助于做好造价预算与成本控制工作；其次，BIM 技术可以提前预判绿色公路工程建设过程中有可能存在的质量风险、进度风险及安全风险等，通过提前预判和制定应对措施，减小各类风险对预算及成本控制产生的影响；最后，借助 BIM 技术自带的数据库功能和数据分析功能，管理人员还可以对绿色公路工程各类材料的实际使用量与相应的设计量进行对比分析，动态掌握各类材料的浪费问题，进而及时调整成本管控方案，有助于提高成本控制水平。除此之外，BIM 技术还可以为管理人员控制预算提供相应的数据信息，帮助其动态掌握工程资金的实际消耗情况及工程进度，进而及时分析存在的问题或者不足，并制订相应的解决方案，保证绿色公路工程成本控制以及造价预算目标顺利达成。

5. 开展造价预算落实的管控工作

结合造价预算的具体实施方案以及工程的特点和施工内容等，合理制定预算管理制度及管理措施，如建立健全预算执行责任制度、考核制度及奖惩制度等，借助责任制度来明确各部门、各工作人员的预算执行责任，并且配备专业人员负责定期开展相应的考核工作，结合考核结果实施适当奖励，有效约束每一个预算责任执行主体的思想和行为，从而保证预算目标能够确切落实，并且顺利达成。除此之外，造价预算管理人员应该加大对现代化网络信息技术的运用力度，以此实时动态地对资金使用情况进行监管，一旦发现超预算问题，组织相关人员开展超预算原因分析工作，在追究相关责任的同时，共同商讨制定优化及改进措施。

6. 制定合理的定额体系

完善、合理的定额体系可以为绿色公路工程的造价预算与成本控制工作提供可靠的参考和依据，有助于提高造价管控成效。对此，有关部门应该结合绿色工程发展实际情况，积极主动地学习和借鉴国内外成功经验，尽快建立并且推行定额体系，以此为绿色工程造价预算和成本控制提供支持。绿色公路工程的相关建设企业也应该注重自主加大经验积累及学习力度，督促和要求定额人员切实依照工程图纸及工艺技术要求开展工作，结合大量工程实践经验，制订合理的工程定额体系，以此为工程造价预算和成本控制提供指导。

9.3　大数据赋能工程造价市场化建设

9.3.1　大数据与工程造价大数据

大数据主要是通过运用一种新技术来实现对数据的专业化处理，而不仅仅是对大量的数据进行收集。目前，传统的软件采集、存储、控制以及分析能力的数据集合已无法有效满足大数据的需要，经过处理的数据，对于未来的投资和管理都会起到重要的影响。对其数据来源进行分析，可以看出工程造价管理中的数据主要分布在不同的数据系统和平台上，但在数据分布较为分散的影响下，为了实现对数据的收集、更新、统计以及分析，应采用新的方法。工程造价管理在大数据的基础上，可以结合项目建设投资与成本管理以及大量基础数据，并将时效性较强的项目基础数据提供给工程造价咨询的从业人员。当 BIM 技术实现广泛应用后，在工程造价基础数据中，建筑信息模型中所包含的工程信息将是其最为重要的信息来源。同时，作为一种信息收集与分析的系统，工程造价管理建立在大数据的基础上，相关的管理人员可以利用数据分析和挖掘工具对大量的基础数据进行分析，对项目建设的相关数据标准和存在的问题都有所了解，从而使得工程造价管理的准确性也可以得到提高，为投资决策、设计优化、成本控制等提供相关的依据，使得工程造价管理的业务能力和水平可以在很大程度上得以提高。

9.3.2 大数据技术应用中存在的问题

工程造价数据没有统一标准，地域壁垒严重。从现阶段来看，虽然我国的工程量清单计价规范已经实现了统一，但目前在工程造价管理中，占据主要地位的仍然是"定额思维"，在各地区定额不同的背景下，其计价的依据也有一定的差别。与此同时，各地区的要素市场也有一定的差别，受到人工、材料价格差异较大的影响，不同地区所编制的造价信息也有一定的不同。目前，我国的工程造价信息管理制度主要是由各地区独自建立的，以至于对工程造价的数据标准无法进行统一，跨地区工程造价数据的查询和调用也无法实现。

工程造价数据缺乏统计分析。目前，官方造价数据都是由各地区单独发布的，仅仅是对数据进行了简单的分类整理，仍然缺少一定的数据，需要深度挖掘。同时许多企业所积累的是没有经过任何加工与整理的数据，主要由建设单位、施工企业以及咨询公司等独立收集，以此导致这些数据的使用缺少一定的针对性，在项目投资决策阶段无法提供有价值的参考。

工程造价数据难以互联互通，数据共享存在难度。由于我国不同地区成本管理信息系统的数据存储格式有所不同，缺乏行业标准的协议和数据交换接口，导致不同地区的项目成本数据难以实现互联互通。目前，各地区的工程造价信息系统基本上是独立运行、独立管理，没有一个全国统一的工程造价信息管理系统。同时，对于工程造价数据，各单位间不愿意进行共享，以此导致在建设单位、施工单位之间，同一企业的内部数据也存在一定的竞争关系，员工间自己收集的整理数据也不会进行共享，以此导致出现了较为明显的"信息孤岛"问题。

工程造价数据更新不及时，数据失真严重。官方项目成本数据的发布主要通过当地杂志和项目成本网站进行。这些数据往往是在当月或下个月收集、汇总和处理，然后在次月进行发布，因此项目成本数据的发布往往会延迟一个月。当材料价格在短时间内大幅波动时，数据难免失真。建设项目指标数据的发布更是滞后。我国部分地区每季度发布一次指数数据。有些地区每六个月或一年只发布一次指数数据，有些地区甚至根本不发布指数数据。数据时效性不强，导致项目造价人员所需数据与最新市场行情不匹配，对造价的准确性也带来了一定的影响。

9.3.3 大数据赋能工程造价市场化的优化路径

1. 基于数据共享交互，建立统一的造价体系

工程造价市场化离不开科学的造价管理体系，要摒弃过去以定额管理为主的造价管理限制，结合市场发展新形势和行业新特点，运用数据共享构建以市场化为基础的统一造价管理体系。

一是根据市场变化调整工程量计价规则、费用组成、项目特征描述等，使造价管理

标准更符合国内外工程造价的全面发展。例如，政府部门运用大数据技术对工程造价市场进行全面监控，通过数据标准、数据架构、数据共享与利用、数据存储与处理等，构建统一的市场化造价管理规范，鼓励各主体严格依据相关标准开展工程造价管理活动，分步骤推进工程造价的市场化。

二是进一步健全清单计价造价管理规范。建筑主管部门结合行业运行规律进一步健全清单计价造价管理规范，营造市场定价的宽松环境，形成"政府引导、市场主导"的发展格局。应优化造价管理机构，通过历史数据对比和深度挖掘思考工程实践中存在的造价难题，在此基础上健全清单计价规范，并提供可选择的空间，使市场行为更可控。例如，完善细化工程计价依据发布机制，实现对估算指标、定额指标的动态管理，取消标底政策或最高限额等。

三是建立辐射全国的智能化工程造价管理系统。政府造价管理部门立足于全国工程造价管理市场的发展情况，构建辐射全国、全面统筹的智能化工程造价管理系统，在系统中分项目设定造价管理模块，包括材料管理、计价规则、项目类型等，实现造价数据存储格式的统一，为工程造价市场化搭建载体。同时，规范行业数据交换接口，使各地区造价信息互联互通，营造工程造价市场化环境。

2. 依托数据模型创建，构建智慧化决策平台

工程造价市场化的引导者是政府，但实施者是各工程相关的企业主体，为进一步提高工程造价市场化的成效，降低定额惯性和造价信息差别大的负面影响，相关企业应充分运用大数据技术中的数据模型建设，构建智慧化决策平台，实现各类造价信息的精准汇聚，增强造价管理的效果。

（1）搭建数据中台，汇聚决策数据。运用大数据技术搭建数据中台，实现本单位工程系统与其他工程系统的集成，借助数据中台实现多环节数据对接，促进数据流程协同和全面互通，实现多领域、全层面的数据整合与分析。在具体创建中，应立足知识管理系统，将决策记录、项目数据等进行归档整理，借助自动化工作流程对项目作出实时分析与检测，动态预测风险评估和成本变化；在平台中设置可视化界面，发挥报表功能，直观、立体地呈现数据分析结果，便于利益主体沟通决策；借助数据推理和知识识别实现关联数据的聚合，为工程造价活动提供个性决策分析。

（2）建立智能决策模型，推进智慧决策。运用大数据精准识别、规则算法等构建基于工程项目造价管理的风险分析模型、成本评估模型，帮助造价管理者深入挖掘造价管理的各种风险因素，发现潜在问题，提升决策的准确性；运用数据修改痕迹保留、数据合约等提升过程管理的可验证性和可追溯性，避免决策结果的主观变动，形成市场化、自动化造价管理方式，促进智慧造价决策；运用大数据＋区块链，构建智能场景，规避数据篡改、内部修复等，净化工程造价管理环境。借助数据模型及智慧决策平台建设，彻底消除定额惯性，实时分析各地区要素市场中的价格差异，削弱造价管理的片面性。

3. 紧抓数据预测分析，实现超前性数据更新

（1）引入规则算法，提前挖掘数据。政府部门所发布的造价管理数据往往具有较强的可信力，但传统以事后为主的数据更新理念，只关注已产生的数据价值，导致工程造价信息参考价值不强，影响了工程造价市场化。对此应引入大数据中的规则算法，通过

数据预测和规律分析，提前挖掘行业数据，通过对数据信息的深度分析和纵横向联系，构建立体综合性数据矩阵，解决数据信息时效性差的问题。例如，由专业人员每季度对工程造价市场的发展形势、行业历史数据、动态数据等进行搜集和细分，绘制行业变化曲线，并通过规则算法对行业未来发展前景、趋势等进行描绘，结合细微变化、政策走向等提前预测行业发展，及时更新数据，为各关联主体提供参考。

（2）借助动态存储，缩短发布间隔。针对项目指标数据发布不及时、间隔长等问题，借助大数据动态存储技术，缩短发布间隔，真正提升信息发布的时效，助力工程造价的全面市场化。一方面，将过去每季度发布一次的做法调整为每月一次，专门安排项目数据指标动态管理员，充分运用各种智能技术开展数据信息管理，提升发布时效的同时，确保所发布的数据信息权威、准确；另一方面，探索引入多种信息发布方式，在以往官网和杂志社两种方式的基础上增加开发专属 App（Application，应用程序）、小程序等，通过多种权威方式扩大信息辐射面。

（3）汇聚数据资源，构建造价数据库。借助工程造价数据积累形成造价数据库，依据地基类型、工程类别、建筑机构、项目管理等分阶段、分步骤收集项目、机械、材料、人工等造价指标，借助物联网、人工智能、大数据等编制建设工程概预算，形成与市场经济运行同步的造价管理清单；引导建设单位从市场运行的宏观层面和项目建设的微观层面同步开展工程造价管理活动，将建设工程的总投资融入项目管理中，而非局限于工程费用，做好预备费、其他费用等指标统计，形成分部分项指标，进而搭建完整的造价信息库，促进市场竞争机制的形成，保障各方利益。

10 建设工程造价鉴定与纠纷解决

10.1 建设工程造价鉴定

10.1.1 建设工程造价鉴定的概念和特点

1. 建设工程造价鉴定的概念

建设工程造价鉴定，是指专门的鉴定机构接受委托，运用工程造价方面的专业知识对诉讼中的工程造价问题鉴定、判断，并出具鉴定意见的活动。因工程造价涉及建设某项工程所花费的全部费用的计算问题，其在建设工程鉴定中占有较大的比重，从而也要求从事工程造价鉴定的人员不仅要具备计算能力，还要熟悉建筑工程的专业问题。在实践中，工程造价鉴定的难度不仅于此，建筑市场所暴露出来的黑白合同、拖欠工程款、工程质量差等问题，都是工程造价的阻碍。

目前，我国有关建设工程造价鉴定的依据主要有：司法鉴定委托书；诉讼当事人双方签订的工程施工合同、补充合同、附属于工程施工合同的招标投标文件、中标通知书；合同约定的有关定额、标准、规范；合同约定的主要材料的价格；工程造价所依附的工程有关图纸、技术资料等。实践中，因鉴定所依赖的工程资料容易造假，客观性、真实性、关联性不确定，由此得出的鉴定结论并不符合鉴定意见的标准，鉴定资料中往往会出现与大量施工现场不相符的事实。长期以来，我国通过概预算确定工程造价，即按定额计算直接费，按取费标准计算间接费、利润、税金，再依据有关文件规定进行调整、补充，最后得到工程造价。

2. 建设工程造价鉴定工作的主要特点

（1）以证据为保证。在开展建设工程造价鉴定过程中，鉴定机构和鉴定人员需结合当事人提供的实际证据开展有效的鉴定工作，保障整体鉴定过程的公平性和公开性。同时，在实际的鉴定过程中，需充分还原整体建设工程项目的实际内容，保障鉴定工作的真实性。应为鉴定提供依据，现场勘验，查清事实。

（2）以技术为支撑。在开展建设工程造价鉴定过程中，其鉴定的主要依据是先进的建设工程技术。为不断提高建设工程造价鉴定的专业性和科学性，需在鉴定过程中聘用综合素养优异的鉴定工作人员。工作人员不仅要具备专业的工程司法鉴定知识，还需对各工程施工技术进行充分的认识，开展一系列造价鉴定工作，及时发现其中存在的主要问题，并采取有效措施进行解决。

（3）遵循公平公正原则。公平公正原则是指在实际工程造价鉴定过程中需充分按照当事人的意愿，对整体工程纠纷和多方利益进行协调与平衡。因此，在开展建设工程司法造价鉴定过程中，鉴定机构需充分收集各项资料，保障双方当事人的合法权利，将公平、公正原则贯彻于鉴定全过程中。

（4）以国家法律法规为依据开展工作。建设工程造价鉴定工作的基础特点为合法性，为此我国相关鉴定机构需要充分遵循法律规定，保障鉴定工作前期准备过程、实际操作过程、鉴定方法以及鉴定结果的全过程具备合法性。

（5）遵循独立性原则。建设工程造价鉴定工作具备相应的独立性。独立性是指在案件处理过程中，不受双方当事人主观影响或其他案件因素影响，主要通过专业的工程造价理论与工程施工技术理论，开展一系列造价司法鉴定工作。

10.1.2 建设工程造价鉴定中的问题及改进措施

1. 建设工程造价鉴定过程中存在的主要问题

（1）对工程造价鉴定机构缺乏有效监管。目前我国社会上相关工程造价鉴定机构数量众多，各机构专业水平存在较大差异，价格方面也存在一些波动。总体来看，缺乏有效的监督和管理，具体表现在以下几个方面。

①受不同鉴定机构的规模影响，一些鉴定机构将部分鉴定业务外包委托给其他个人或鉴定机构，导致整体鉴定过程监督起来更加复杂，存在较为严重的信息差、时间差和专业差等。

②由于缺乏统一标准、未建立机构管理制度，导致一些机构在鉴定过程中缺乏科学性，对事实未进行充分阐述，不具备充分的法律依据，使鉴定结果缺乏有效性。

（2）工程造价鉴定资料收集较为困难。工程造价鉴定资料对于整体鉴定过程和鉴定结果有直接影响。如果当事人所提供的相关资料具备足够的真实性和完整性，包括较为全面的建设工程造价内容，会明显提升工程造价鉴定工作的核心效益价值。一般的工程造价鉴定资料主要包括当事人的起诉证明、工程资质、施工图纸、招标投标文件、施工合同、工程签证等。

（3）工程造价鉴定双方当事人容易意见不统一。由于在开展工程造价鉴定工作时，双方当事人都站在自身的利益点，会对造价鉴定结果产生不同的意见和看法，难免会产生分歧。针对这种情况，鉴定机构需要充分了解双方分歧点的核心内容，如是否存在理解偏差、资料欠缺或有失公平行为。

2. 提高建设工程造价鉴定效果的措施

（1）完善建设工程造价鉴定工作的相关法律法规。针对建设工程的复杂性、周期长、多变性等特点，其造价鉴定内容也较为细碎。为充分保障建设工程造价工作开展的合法性和公平性，我国相关鉴定机构和管理部门需对现存的法律法规以及司法鉴定程序进行不断的完善和修改。结合不同的工程建设特点和工程建设，不断增添新的造价鉴定标准和管理内容，使其在实际应用过程中具备良好的实用性和全面性，充分保障建设工程双方当事人的合法权利。

（2）建设工程企业的监督部门加强执法监督。若仅完善相关建设工程造价鉴定的法律法规内容，不能在根本上规避法律纠纷和法律风险，为此我国相关部门需做到严格执法，加强对整体建设工程企业造价鉴定工作的监督和管理，保障其符合我国法律法规要求。在工程建设行业相关制度规范下，管理部门要对建设企业自身的资质进行严格审查，避免在开展造价鉴定工作时，产生合同纠纷和法律风险。

（3）加强对建设工程造价鉴定工作人员的理论知识与技能培训。由于整体建设工程造价鉴定工作的开展主要以鉴定工作人员为主要支撑，因此工作人员的业务素质对于整体工作开展的效率和检验结果的科学性起到直接作用。为保障鉴定结果的有效性，鉴定机构需对鉴定工作人员开展一系列职业素养和思想道德培训，提升鉴定人员的专业技能。

（4）完善工程造价鉴定的报告。结合我国相关法律规定，在出具鉴定报告时需包括众多内容，比如鉴定机构、鉴定依据、鉴定结论等。但在实际的鉴定报告出具过程中受多方面因素影响，鉴定报告的内容不够完善。为此，我国鉴定机构和鉴定人员需加强对鉴定报告的管理，不断完善鉴定报告内容。

（5）积极解决当事人意见纠纷。为降低工程建设造价鉴定双方当事人产生法律纠纷问题的概率，在实施阶段，双方当事人需对鉴定流程进行明确，并结合工程造价鉴定意见书对流程进行严格管理，提升鉴定质量，具体可从以下几个方面进行。

①双方当事人对自身意见进行充分说明，并对意见进行解释，说出计价与不计价的理由，协商出双方满意的结果。对出现的计算偏差或理解错误问题及时进行解释和纠正。

②针对工程造价鉴定资料的收集，双方当事人需共同核实检查资料是否存在造假、不全面、有变更或未实施等情况，并对可能用到的工程资料进行及时补充和收集，保障资料的真实性和全面性。为提高工作效率，双方当事人可将资料进行分类整理，按照不同的地方和国家管理规定，出具资料管理合同。

③在得出工程造价鉴定结果时，如双方当事人对鉴定结果不满意，需按照我国的法律法规以及工程计价定额应用标准进行合理的解释，及时解决存在的认知矛盾。

④如果意见分歧问题长时间未得到解决，可召开工程造价行业专家听证会，积极听取专家意见，在进行协商和调整后，出具造价鉴定报告。

10.2 建设工程价款结算纠纷解决

10.2.1 常见的价款纠纷类型

1. 合同法律效力引起的建设工程价款结算纠纷

在《最高人民法院关于审理建设工程施工合同纠纷案件适用法律问题的解释（一）》（法释〔2020〕25号）中明确规定，无效合同共有以下几种情形：承包人未取得建筑业企业资质或者超越资质等级的；没有资质的实际施工人借用有资质的建筑施工企业名义的；建设工程必须进行招标而未招标或者中标无效的。

在实践过程中，许多工程合同只要出现以上几种情形，则被确认为合同无效，由此而产生是否按照合同约定结算的纠纷。

2. "黑白合同"引起的建设工程价款结算纠纷

在建筑行业中，经常会签订黑白合同。所谓的"白合同"，指的是中标合同是通过招标投标进行备案的。然而在中标合同以外，当事人还签订了与中标内容并不相同的一份补充协议或者合同，这种补充协议或者合同被称为"黑合同"。

在司法实践中，对于黑白合同有两点判定标准：一是两份合同所针对的项目必须是一致的；二是两份合同中实质性内容不同，即决定或影响当事人基本义务和权利的条款，其中包括工程期限、工程质量以及工程价款等方面存在不同。

在结算工程价款时，对于按照法律法规要求进行的招标投标项目，法院根据备案中标合同作为工程价款结算依据；对于项目不需要进行招标投标且未进行备案的项目，则根据实际履行合同作为工程价款结算依据。部分施工企业为了接到工程，按照发包人的要求不断降低中标价格来签订合同，通常将价格定得很低，接近于成本价，几乎没有任何利润，从而导致施工企业最终在结算时处于十分不利的地位，由此产生因为黑白合同而导致的结算纠纷。

3. 送审价为准引起的建设工程价款结算纠纷

《最高人民法院关于审理建设工程施工合同纠纷案件适用法律问题的解释（一）》（法释〔2020〕25号）中第二十一条明确规定"当事人约定，发包人收到竣工结算文件后，在约定期限内不予答复，视为认可竣工结算文件的，按照约定处理。承包人请求按照竣工结算文件结算工程价款的，人民法院应予支持"，在事务中将这个规则称为"以送审价为准"。

施工企业在对该规则进行实际应用时，应当符合以下四个条件：一是施工企业与发包人之间必须有约定，在约定中包含不予答复后果以及答复期限；二是施工企业给发包人提供的结算文件必须是真实、齐全的；三是施工企业所提供的结算文件必须由发包人进行签收；四是若发包人未在约定时间内答复，则表明发包人未表示认可，也未提出异议。

由此可知，"以送审价为准"使用原则应当受到以上四个条件对其的限制，否则可能会引发"以送审价为准"的结算纠纷。

4. 质量问题引起的建设工程价款结算纠纷

施工企业在工程合同中的主要责任是依照合同中的约定及时完成施工任务，将具有合格质量的工程交付给发包人，故而施工企业对于自身承建的工程具备质量担保责任。假设在工程竣工之后验收不合格，或者在经过修复之后工程质量仍然达不到建筑标准，施工企业在要求发包人支付工程款时，可能会遭到发包人以质量原因来进行抗辩，主要目的是减少或抵消工程款，由此导致由于工程质量原因而出现的结算纠纷。

5. 违约索赔引起的建设工程价款结算纠纷

在结算纠纷中，违约索赔纠纷比较常见。在履行施工合同过程中，可能会出现由于一方原因或者双方原因而导致的违约行为。不管是施工企业工程质量不达标、延误工期，还是发包人未及时供应建筑材料、未按进度来支付款项、建筑过程中擅自修改设计、施工条件不达标等，都会导致窝工、停工等现象，最终通过违约赔偿金形式在工程结算款中体现，但是大多数情况下，发包人并不会认可该部分款项，从而导致产生违约索赔纠纷。

6. 情势变更引起的建设工程价款结算纠纷

情势变更是指合同有效成立后，因不可归责于双方当事人的原因发生情势变更，致合同之基础动摇或丧失，若继续维持合同原有效力显失公平，允许变更合同内容或者解除合同，而免除违约责任的承担。实际上，情势变更是诚实信用原则的具体运用，其目的在于消除情势变化而产生的不公平后果，以体现公平和公正。

由于情势变更源于不可预见的风险因素，因此应依据风险因素来认定情势变更。而在建设工程中，工程合同的定价方式直接决定着风险因素，通常固定总价合同方式的情况下，当情势变更后容易产生结算纠纷。

7. 工程计量引起的建设工程价款结算纠纷

在建设工程价款结算纠纷案件中，当事人之间就工程量问题产生争议的占有相当大的比例。特别是一些工程发生设计变更频繁，一些拆改工程、隐蔽工程及临时工程又缺乏签认文件，如何计算工程量及工程量计算的准确与否，直接关系到承包人和发包人双方的切身利益。双方最终会在工程量的确认和计量上出现争议。

10.2.2　我国常用的纠纷解决方法

实际建设过程中，由于工程项目的复杂性，在合同的签订和履约时，个人理解的有限性、信息的不完全性等原因，争议无法避免。建设工程价款结算纠纷发生后，合同各方需要选择合适的解决方法处理问题。建设工程价款结算纠纷一般属于民事纠纷。从我国民事纠纷的解决机制来看有私力救济、社会救济和公力救济三大类，其具体的解决方式主要有和解、调解、仲裁和诉讼四种常见的纠纷解决方式。

1. 和解

协商和解是指当事人就已发生的争议，根据国家法律法规的规定，通过自行友好协商并达成协议解决合同争议的一种方式。当争议产生时，协商解决是最基本、有效和常见的方式，双方和解的方式主要有以下两种。

（1）监理或造价工程师暂定。鉴于工程项目目标的不确定性，通常会发生合同双方之间对合同中相同内容的不同解释，这些分歧就是通常所说的"争议"。《建设工程工程量清单计价规范》（GB 50500—2013）规定如果发承包双方对工程质量、工程进度、合同价款的支付与扣除、工期延误、索赔等方面发生任何争议，无论是经济、法律还是技术上的问题，应首先按照合同的相关规定，把争议提交给合同范围内有职责处理的造价工程师或者总监理工程师解决，并抄送另一方。工程师可以随着工程的不断推进第一时间解决双方的分歧和争议，并为争议双方能达成一致的意见而努力。当工程师解决无效时，再进入争议解决环节，如此约定条款则显得更为合理，使问题随时解决，避免积小变大的情况。

监理或造价工程师相对于其他纠纷解决人员来说，优势在于了解工程实际情况和争议的焦点，在工程合同争议解决的过程中，工程师作出的决定具有重要参考意义。监理工程师从项目开工之日起参与到项目的建设中来，并要经常在施工现场进行管理，对工程合同的执行情况和工程进展情况十分了解。由于监理工程师对项目熟悉，他们在解决工程合同争端时，能够快速认清争端事实并给出决定，解决争端的效率很高。同时监理工程师一般具有丰富的施工经验和工程合同管理经验，是工程方面的专家。这对他们快速熟悉争端事实并作出决定也很有帮助。

但是，在国际工程实践中，人们对工程师裁决的方式提出了质疑。工程师不能做到工程合同双方所认可的独立公正，由于工程师受雇于业主，从发包人处取得报酬，无法保证其中立地位，在争议解决中更易偏向于业主。有研究表明，在一些工程中，工程师可能由于自身的原因直接导致干扰事件的发生，例如指令下达错误、没有及时管理或管理失误、拖延发布图纸和批准等，基于这些因素的影响，工程师可能为了自己的面子和免除责任的角度，作出不公正决定。

（2）协商和解。争议双方当事人在合同价款争议发生后的任何时间点都可以进行协商和解以解决纠纷。基于自愿原则，若合作双方经过友好磋商，互谅互让，能够协商达成一致的，双方应根据谈判的内容签订书面和解协议。和解协议具有合同效力，对发承包双方均有约束力。如果协商不能达成和解的共识，发承包双方只能按合同约定的其他争议解决方式解决争议。

和解是能够充分发挥当事人的意思自治的一种方式。谈判能否进行、放弃何种利益、接受何种条件等，完全依靠当事人的自愿与否。从某种意义上来说，当事人通过自行谈判、协商后，所达成的和解协议其本质也是一种合同。和解谈判的过程与订立合同时要约与承诺的过程类似。因此，和解协议一旦确立，对和解方将产生合同上的效力。和解与仲裁诉讼相比而言，程序简单，没有诉讼或者仲裁的漫长过程，不仅解决争议较为迅速和便利而且有利于长期的交往和合作关系的维持，是当事人解决合同争议的首选方式。

2. 调解

调解是指合同发生争议后，由当事人以外的第三人，根据国家法律规定或合同约定对双方当事人进行劝说、协调和疏导工作，促进当事人双方互相谅解，自愿友好地达成调解协议的一种争议解决方式。根据《建设工程工程量清单计价规范》（GB 50500—2013）的内容，调解方式如下。

（1）管理机构的解释或认定。工程造价管理机构的工作内容离不开工程造价和计价，主要负责制定或授权制定工程造价的计价依据、办法和相关计价政策。当工程发承包双方或工程造价咨询人在工程计价的过程中对计价依据、计价办法和计价政策有任何异议时，可由工程造价管理机构对其进行解释和说明。目前，我国各级工程造价管理机构在现行建筑管理体制下，负责了一部分的计价争议调解工作。对工程计价争议或合同价款纠纷的处理，及时化解工程合同价款纠纷具有重大意义。

造价争议中包含的定额套用、工程量计算规则、材料价格调整、费率标准、工程造价文件时效性等专业性问题，合同争议双方可在造价管理机构的调解下进行明确，进而解决发承包人的合同价款纠纷。造价管理机构的解释或认定方式能够发挥一定作用，原因在于争议当事人不够熟悉相关计价政策，对行政部门的权威性和行政管理比较依赖。

合同价款争议发生后，若发承包双方同意采用此方式解决争议，可将争议以书面形式向工程造价管理机构进行提交，由提交机构对争议采用书面文件的形式进行解释或认定。

工程造价管理机构对此争议问题的进行解释或认定的时限为在收到调解申请的10

个工作日内。若发承包双方或一方对收到的工程造价管理机构书面解释或认定不满意，任一方仍可参照合同约定的争议解决方式提请仲裁或诉讼。若双方没有提出异议，则工程造价管理机构的书面解释、认定成为最终结果，对发承包双方均有约束力，但是，工程造价管理机构的上级管理部门如果作出了不同的解释或认定，或在仲裁、法院判决中不予采信的应该除外。

（2）双方共同约定调解人进行调解。发承包双方可以共同约定工程专家作为合同争议的中间调解人，促使双方达成解决争议的调解协议，这种方式与国外的争议评审机制相类似。与传统的司法调解和建设行政主管部门的行政调解相比，由于司法调解耗时较长，而且增加了诉讼成本，行政调解受行政管理人员的专业水平、处理能力等的影响，其实际效果也受到限制，因此，由具有一定专业知识和工程经验的高素质专家进行的专业调解越来越受欢迎。

调解是我国解决建设工程合同纠纷的一种重要方式，也是一种传统的争议解决方法。调解的基础是双方自愿，调解能否成功不仅依赖双方的善意和同意，而且很大程度上与调解人的素质、专业知识、经验和技巧有关，如果调解人不按法律规则作出引导，调解结果很难达到公正、合理的要求。双方经过调解达成的协议本身不具有法律约束力，经双方签字并盖章后作为合同补充文件，双方均应遵照执行，或者经过法院及其他权威机构的认证、登记之后，产生严格的法律约束力，具有与生效的法律裁判文书同等的法律效力。

3. 仲裁

仲裁是指纠纷双方当事人在合同签订时或争议发生后选择使用仲裁协议，在自愿基础上将双方的争议提交给一致认同的仲裁机构进行裁决的一种纠纷解决方式。仲裁和诉讼作为具有强制力的解决方式，两者只能选择一个，具体采用哪种方式，关键在于合同中是否事先有仲裁协议。如果当事人没有仲裁协议，无论任何一方申请仲裁，仲裁委员会都将不予受理。如果双方当事人已经达成了仲裁协议，不进行仲裁而向人民法院提起诉讼的，人民法院将不予受理，这种情况建立在仲裁协议有效的基础上，若协议无效可起诉。

发包人和承包人采用仲裁的方式有较大的自主性，可以双方协商选定仲裁委员会。如果发承包双方采用协商和解或调解方式均未能解决争议也未达成一致意见，则可以根据仲裁协议申请仲裁，同时应通知另一方当事人。

仲裁在解决我国民事经济纠纷中扮演着重要的角色，仲裁不实行级别管辖和地域管辖。《中华人民共和国仲裁法》（中华人民共和国主席令〔2017〕第76号）第十九条规定，仲裁协议独立存在，合同的变更、解除、终止或者无效，不影响仲裁协议的效力。仲裁庭有权确认合同的效力。在我国，实行一裁终局制度。当仲裁委员会发出裁决决定后，合同当事人不得再次对同一争议事项提出仲裁申请，或向人民法院起诉，仲裁庭和法院也不再予以受理。当事人必须履行裁决决定的内容，若一方当事人不按规定执行，另一方当事人可以按民事诉讼法的相关条款向人民法院申请执行。

4. 诉讼

诉讼是指争议当事人按照民事诉讼程序向人民法院申请对某一主体提出权益主张并

要求法院予以解决和保护的请求，由人民法院审理、判决进而解决民事纠纷的方式。运用司法程序解决争执，由人民法院受理并行使审判权，对合同双方的争执作出强制性判决。司法是国家权力通过法律适用形式在社会纠纷解决领域进行的活动，是国家为当事人双方提供不用武力解决争端的方法。在法治社会中，司法被视为救治社会冲突的最终、最彻底方式，社会成员间的任何冲突在其他方式难以解决的情形下均可诉诸法院通过司法审判裁决。合法的裁决以国家暴力机关为后盾，具有显著的强制性。

当事人向管辖权内的人民法院提起诉讼的前提条件主要包括三个方面：一是双方在合同中约定了采用诉讼而非仲裁协议解决矛盾和纠纷，则任何一方当事人可以向人民法院申请诉讼；二是虽然当事人事先在合同条款中对仲裁协议进行了约定，但争议发生后双方达成一致意见，同意采用诉讼的方式解决争议；三是如果发包人和承包人对已经发生的纠纷事项不同意和解、调解或者和解、调解不成，又没有达成仲裁协议的，则可依法向人民法院提起诉讼。

诉讼是工程合同争议解决的最终手段，任何冲突在其他方式难以解决的情形下均可诉诸法院通过司法审判裁决。诉讼实行二审终局制度，当事人对一审判决不服时，可以在规定的时间内向上一级人民法院提起上诉。在规定时间内没有提起上诉的，执行一审判决，在规定时间内提起上诉的，执行二审判决。

10.2.3 纠纷解决方法的适用情况

上述合同价款争议的解决方法有各自的特征，并不是每一项争议都要经过以上这些过程，以下对各个方法的适用情况进行分析。

和解的过程与合同订立的过程相似，容易受到当事人地位、综合实力等因素的干扰，有时和解的结果甚至会违背当事人的真实意愿。虽然争议双方当事人可以随时进行协商和解，但是协商和解并不是在任何情况下都能适用并取得成功的，和解良好运作的前提是当事人要有解决争议的愿望和诚意，双方当事人要愿意坐到一起来协商解决问题，至少有一方当事人有让步和妥协的可能性，而且谈判者有一定判断和权衡的能力与谈判技巧。借助和解，合同当事人达成协议后须经双方签字并盖章，该协议可作为合同补充文件遵照执行，否则不具有法律约束力，协商结果是否能得到切实履行完全依赖纠纷当事人的信誉。如果和解协议达成之后，有一方当事人反悔，则导致争议解决的重复成本。因此，协商解决方式通常适用于争议分歧不大、争议涉及的数额较小、事实较清楚、双方责任较容易认定的纠纷。

建设工程合同价款纠纷的调解往往是当事人经过和解仍不能解决纠纷后采取的方式，因此与和解相比，它面临的纠纷要大一些。与诉讼、仲裁相比，调解仍具有与和解相似的优点：解决争议比较经济和及时，有利于消除合同当事人的对立情绪，维护双方的长期合作关系，大部分的工程争议可以通过调解来解决。

仲裁与诉讼均为具有法律强制力的工程项目的争端解决方式，但两者的具体操作程序不同，因而其适用的争端类型也不同。与诉讼相比，仲裁方式能够更大程度地满足当事人的意思自治，可由当事人在不违背基本原则的前提下决定程序上各方面的内容，因此可以简化很多程序性工作，从而使合同价款争议的解决具有很强的灵活性。

工程项目参与各方可以自主选择对其有利的仲裁机构、仲裁员、仲裁程序等，这是以程序严格为特征的诉讼制度无法实现的。因此仲裁适用于纠纷比较复杂、各当事人立场难以调解的情况。建设工程合同价款争议一旦进入诉讼程序，当事者之间原有的较为良好和谐的社会关系会在很大程度上受到损害，因此，诉讼通常是纠纷解决的最终手段，不到万不得已不应使用。

参考文献

[1] 蔡明俐，李晋旭．工程造价管理与控制［M］．武汉：华中科技大学出版社，2020.

[2] 陈楚宣，曾昭铭，马绪健．如何做好建设项目竣工决算审计［J］．中国公路，2021，（6）：72-76.

[3] 陈建国．工程计量与造价管理［M］．4版．上海：同济大学出版社，2017.

[4] 陈美萍．工程造价控制与管理［M］．上海：上海交通大学出版社，2014.

[5] 陈赛．大数据赋能工程造价市场化建设的优化路径研究［J］．市场周刊，2024，37（17）：92-95.

[6] 陈雨，陈世辉．工程建设项目全过程造价控制研究［M］．北京：北京理工大学出版社，2018.

[7] 丁兰．绿色公路工程造价预算与成本控制优化策略研究［J］．工程技术研究，2023，8（2）：133-135.

[8] 傅余萍．基于BIM建筑信息化的工程造价管理探究［J］．新城建科技，2024，33（2）：170-172.

[9] 高显义，柯华．建设工程合同管理［M］．2版．上海：同济大学出版社，2018.

[10] 谷洪雁，布晓进，贾真．工程造价管理［M］．北京：化学工业出版社，2018.

[11] 关永冰，谷莹莹，方业博．工程造价管理［M］．2版．北京：北京理工大学出版社，2020.

[12] 郭喜梅．建筑工程质量与造价控制研究［M］．长春：吉林科学技术出版社，2021.

[13] 郭英芬，许萍，席海恩．工程造价管理与控制研究［M］．长春：吉林科学技术出版社，2023.

[14] 何甫霞．BIM在建设工程造价管理中的适用性探究［J］．工程建设与设计，2017（23）：194-196.

[15] 黄军豪．建设项目后评价内容及方法初探［D］．昆明：昆明理工大学，2017.

[16] 李海凌，项勇．建设项目全过程造价管理［M］．北京：机械工业出版社，2022.

[17] 李华东，王艳梅．工程造价控制［M］．成都：西南交通大学出版社，2018.

[18] 李梅．建设项目的全过程造价控制研究［D］．合肥：合肥工业大学，2010.

[19] 林君晓，冯羽生．工程造价管理［M］．3版．北京：机械工业出版社，2022.

[20] 卢灿斌，卢峰．建设工程造价司法鉴定问题研究［J］．现代商贸工业，2020，41（8）：162-163.

[21] 卢永琴，王辉．BIM与工程造价管理［M］．北京：机械工业出版社，2021.

[22] 吕珊淑，吴迪，孙县胜．建筑工程建设与项目造价管理［M］．长春：吉林科学技术出版社，2022.

[23] 麻成明，石宪锋，向宇．建设工程全过程工程造价控制管理分析［J］．工程建设与设计，2021（14）：177-179.

[24] 马永军．工程造价控制［M］．2版．北京：机械工业出版社，2018.

[25] 南莲梅．建设工程价款结算纠纷及风险防范分析［J］．青海交通科技，2019（4）：24-26.

[26] 彭东黎．公路工程招标投标与合同管理［M］．3版．重庆：重庆大学出版社，2021.

[27] 全国二级造价工程师职业资格考试培训教材编委会．建设工程造价管理基础知识［M］．江苏：江苏凤凰科学技术出版社，2019.

［28］ 全国一级造价工程师职业资格考试培训教材编审委员会．建设工程造价管理［M］．北京：中国计划出版社，2019．

［29］ 邵长爽．新型绿色公路工程的造价预算与成本控制研究［J］．现代商业研究，2024（3）：50-52．

［30］ 孙泽龙．大数据技术下完善工程造价市场化建设的思考［J］．施工企业管理，2022（1）：58-60．

［31］ 童启瑛．工程造价信息化管理存在的问题及发展趋势探析［J］．工程建设（维泽科技），2024，7（2）：18-21．

［32］ 汗和平，工付宇，李地．工程造价管理［M］．2版．北京：机械工业出版社，2024．

［33］ 江雄进，唐少玉．建设工程项目管理［M］．重庆：重庆大学出版社，2020．

［34］ 王斌．BIM技术在工程造价精细化管理中的应用价值［J］．工程建设与设计，2017，（6）：186-187．

［35］ 工春爽．浅谈工程造价信息化管理的发展［C］//中国智慧工程研究会．2024新技术与新方法学术研讨会论文集，青岛：青岛恒星科技学院，2024．

［36］ 王建波，张贵华．建设工程造价管理［M］．北京：化学工业出版社，2016．

［37］ 王金茹．黑龙江省绿色公路施工路域生态环境影响评价研究［D］．哈尔滨：东北林业大学，2021．

［38］ 王梅．完善市场化机制助力工程造价高质量发展［C］//中国土木工程学会．中国土木工程学会2019年学术年会论文集．上海：上海市政工程设计研究总院（集团）有限公司，2019．

［39］ 王一俊．建设项目工程造价全过程管理与控制［J］．工程建设与设计，2018（16）：238-239．

［40］ 王忠诚，齐亚丽．工程造价控制与管理［M］．北京：北京理工大学出版社，2019．

［41］ 吴宪．市政道路工程项目建设全过程造价控制研究［D］．沈阳：沈阳建筑大学，2020．

［42］ 吴学伟，谭德精，郑文建．工程造价确定与控制［M］．9版．重庆：重庆大学出版社，2020．

［43］ 谢满春．建设工程价款结算纠纷的法律问题研究［D］．株洲：湖南工业大学，2017．

［44］ 徐佳欣．建设工程合同价款争议影响因素及解决方法研究［D］．南京：南京林业大学，2018．

［45］ 闫君．浅谈建设项目的竣工决算编制与竣工决算审计［J］．中国集体经济，2015，（10）：98-99．

［46］ 严晓青．建设工程造价鉴定若干问题探究［J］．建筑技术开发，2021，48（17）：110-112．

［47］ 杨景欣．浅议建设工程价款结算纠纷［J］．北京仲裁，2010（4）：35-48．

［48］ 玉小冰，左恒忠．建筑工程造价控制［M］．南京：南京大学出版社，2019．

［49］ 赵媛静．建筑工程造价管理［M］．重庆：重庆大学出版社，2020．

［50］ 赵云欣．建设工程项目竣工决算审计方法分析［J］．工程技术（引文版），2016（12）：00115．

［51］ 中国建设工程造价管理协会．建设项目投资估算编审规程：CECA/GC 1—2015［S］．北京：中国计划出版社，2016．

［52］ 中华人民共和国住房和城乡建设部，中华人民共和国国家质量监督检验检疫总局．建设工程工程量清单计价规范：GB 50500—2013［S］．北京：中国计划出版社，2013．

［53］ 周文波，苏海花，季春．工程造价基础［M］．南京：南京大学出版社，2022．

［54］ 朱祥亮，漆玲玲．建设工程项目管理［M］．南京：东南大学出版社，2019．

［55］ 左雅萍．公路工程建设造价控制与管理分析［J］．工程建设与设计，2020（9）：290-291，294．